Sumario

Nick Arnold lleva escribiendo cuentos y libros desde que era muy joven, pero nunca imaginó que se haría famoso por escribir *Esos sufridos científicos*. Su investigación le llevó a conocer a auténticos científicos, a ponerse una bata blanca y a soportar sus horribles experimentos, aunque en todo momento se lo pasó en grande.

Cuando no está investigando sobre esa horrible ciencia, su tiempo libre lo dedica a comer pizzas, montar en bici e inventar chistes muy malos (aunque no todo a la vez).

Tony de Saulles empuñó los lápices de colores cuando todavía llevaba pañales y, desde entonces, no ha cesado de hacer garabatos. Se toma muy en serio *Esa horrible ciencia* e incluso accedió a probar algunos experimentos que resultaron ser un fracaso estrepitoso. Afortunadamente, se ha recuperado completamente.

Cuando no está por ahí con su bloc de dibujo, le gusta escribir poesía y jugar al squash, aunque todavía no ha escrito ningún poema sobre este deporte.

ESA HORRIBLE CIENCIA

ESOS SUFRIDOS CIENTÍFICOS

NICK ARNOLD

Ilustrado por
Tony De Saulles

EDITORIAL MOLINO

ESA HORRIBLE CIENCIA

1 *Sangre, huesos y otros pedazos del cuerpo*
2 *Esa caótica química*
3 *Esa repelente naturaleza*
4 *Esas funestas fuerzas*
5 *Esa inmensa galaxia*
6 *Esas mortíferas mates*
7 *Esa repugnante digestión*
8 *Esos insoportables sonidos*
9 *Esos asquerosos bichos*
10 *Más mortíferas mates*
11 *Evoluciona o muere*
12 *Esas perversas plantas*
13 *Esa deslumbrante luz*
14 *Esas endiabladas mates*
15 *Ese voluminoso cerebro*
16 *Esa electrizante electricidad*
17 *Esos sufridos científicos*
18 *Esas insignificantes fracciones*
19 *Esas exasperantes medidas*

Título original: *Suffering Scientists*
Publicado por primera vez en el Reino Unido
por Scholastic Ltd. en 2000
Traducción: Josefina Caball

Publicado en lengua castellana por
EDITORIAL MOLINO
Calabria 166, 08015 Barcelona
Dep. Legal: B. 38.465/2000
ISBN: 84-272-2067-7

Impreso en España — Printed in Spain

LIMPERGRAF, S. L. — Mogoda, 29-31 — Barberà del Vallès (Barcelona)

INTRODUCCIÓN

Ha llegado otro día y de nuevo estás en la clase de física, escuchando la voz monótona y soporífera de tu profe, cuando empiezas a amodorrarte. El ambiente de la clase es cálido y acogedor y, sin darte cuenta, caes en un profundo sueño.

Sueñas que ERES una famosa científica.

Y entonces te despiertas con un sobresalto...

El sueño te hace reflexionar. ¿Vale realmente la pena ser científico? Si descubre algo grande, su mejor recompensa es la fama y el renombre que le proporciona en todo el mundo.

Aspecto negativo

La ciencia es horrible. Si tú te lo pasas fatal en la clase de física y química, imagínate lo que han sufrido y sufren por la ciencia los científicos. ¿Sabías que a un científico le cortaron la cabeza, que unos científicos murieron intoxicados por las sustancias químicas que descubrieron y que otro se tiró de un salto al cráter de un volcán? Así pues, ¿merece la pena que te arriesgues a ser una científica o, por el contrario, no crees que es demasiado peligroso?

Antes de tomar una decisión, mejor será que leas este libro sobre los sufridos científicos. Naturalmente, en él no encontrarás los detalles importantes y repugnantes de los viejos libros de ciencia. Lo que necesitas es un libro de la colección *Esa horrible ciencia*, repleto de datos horripilantes que te revelen la horrible verdad sobre la ciencia. Éste es precisamente el libro que tienes en las manos, así que sigue leyendo y no dejes que nada ni nadie te interrumpa.

PRIMERA PARTE

ESOS SUFRIDOS CIENTÍFICOS DE LA ANTIGÜEDAD

LOS ORÍGENES DE LA CIENCIA

Antes de decidir si quieres o no ser un científico, tienes que saber qué es la ciencia y cuáles sus orígenes. ¡Oh! ¿Crees que ya sabes todas esas cosas? Veamos: ¿Si alguien te preguntara...?

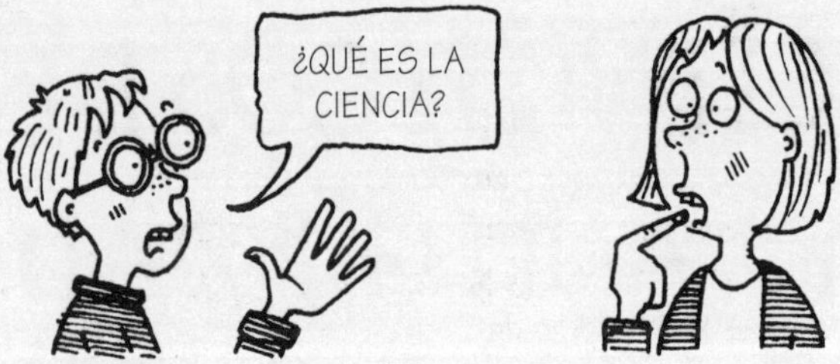

¿Qué responderías?

a) Un rollo con el que siempre me duermo durante la clase.

b) Algo que hacen unos individuos con bata blanca que no saben hablar como es debido.

c) Algo relacionado con los tubos de ensayo y los dibujos de flores.

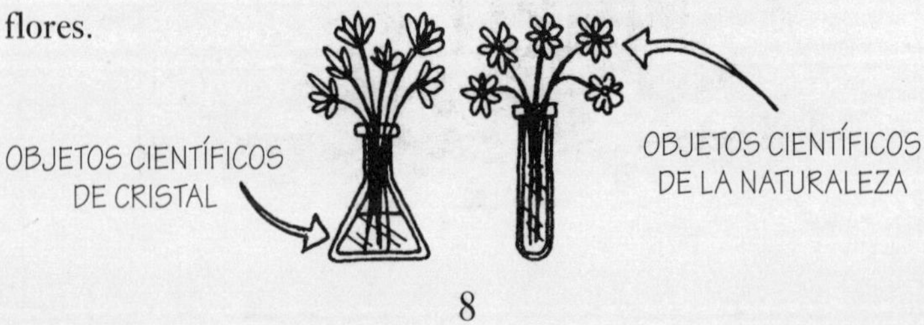

Aunque todas estas respuestas sean, en parte, ciertas, ninguna de ellas refleja la verdadera esencia de lo que es la ciencia. Así que si elegiste **a**), **b**) o **c**), será mejor que sigas leyendo.

Ficha de datos

NOMBRE: Ciencia

DATOS BÁSICOS: El término «ciencia» tiene en realidad *dos* significados:

1 Datos científicos. Los puedes encontrar en los libros de ciencia (¡Qué raro! ¿Verdad?).

2 Estudio de los fenómenos naturales aplicando métodos científicos como la observación, las mates y los experimentos.

DETALLES QUE DEBES SABER: Si crees que la ciencia es coser y cantar, te equivocas. Sigue leyendo.

Imaginemos que realmente eres un científico y que, sentado en el inodoro, se te ocurre una brillante idea científica. (Naturalmente, estás exultante).

¡Increíble!

No creías que ser científico fuese tan *fácil* ¿verdad?

Para demostrar que tu idea es realmente un hecho científico y no agua de borrajas, tienes que recurrir a los aburridos y viejos métodos científicos, lo cual puede suponer que tengas que:

- Aguantar años de paciente espera.

- Devanarte los sesos con las complicadas y horribles matemáticas para encontrar una fórmula que justifique tu descubrimiento.

- Llevar a cabo interminables experimentos.

¡Y te *quejas* de que la vida es dura!

Esas sufridas expresiones

¿Crees que es necesario llamar a una ambulancia?

> **Respuesta:** No. «Hipótesis» es un término erudito que designa una idea científica cuya falsedad todavía no se ha demostrado. Una «ley» es un hecho al que se atribuye veracidad. Se pueden reunir varias leyes para elaborar una teoría que los científicos utilizan para interpretar el mundo. ¿Lo has entendido?

Pero, ¿cuál es el origen de los métodos científicos? Sin lugar a dudas, hubo un tiempo en el que los científicos no existían.

Una idea luminosa

Érase una vez, hace muchísimo tiempo (pongamos unos 20.000 años antes de que nacieras), cuando la ciencia no existía, ni los científicos, ni los experimentos, ni por supuesto las clases de física y química. Eso sí que sería una idea luminosa, ¿verdad?

En aquellos tiempos, los humanos sentían la curiosidad de un niño de dos años por el mundo que los rodeaba. Y descubrieron muchísimas cosas como, por ejemplo, el fuego. Es probable que el hombre primitivo obtuviera el fuego de los volcanes y que pronto descubriera que el fuego era idóneo para cocinar, calentarse y ablandar el duro bisté de carne de mamut. Luego aprendió a encender fuego frotando bastones entre sí. Por supuesto, como todavía no se había inventado el método científico, estos descubrimientos se hacían por el método de ensayo y error, como comprobarás muy pronto. Examinemos a una familia normal y corriente de la Edad de Piedra. Te presento a la familia Sílex.

Por el año 5000 a.C. unas personas importantes se planteaban cuestiones trascendentales tales como «¿de dónde venimos?», temas por los que más tarde también se interesarían los científicos. Estas personas eran los sacerdotes. Pero no nos estamos refiriendo al simpático párroco de tu localidad. En aquellos tiempos, en las ciudades de todo el mundo, los sacerdotes eran individuos con mucho poder que aconsejaban a los monarcas y trabajaban en los templos.

A menudo sacrificaban animales a los dioses y, en tiempos de crisis, los sacerdotes de Centroamérica y de Oriente Medio de vez en cuando mataban a algún que otro niño. Así que, cuando el sacerdote del barrio se presentaba con un cuchillo enorme en la mano y murmurando algo así como «sólo son unos pequeños sacrificios», no estaba recaudando fondos para arreglar el tejado de la iglesia. Los sacerdotes pensaban que la única forma de mantener felices a los dioses era matando niños. En aquellos tiempos los sacerdotes creían que los dioses eran los causantes de todo como, por ejemplo, los relámpagos.

Pero incluso en aquellos días había personas que pensaban un poco, como los científicos modernos. Hacia el 2500 a.C. ya había en el antiguo Egipto, en Oriente Medio y en China, matemáticos muy dotados, y todos tenían una cosa en común: realizaban cálculos precisos que tan sólo tenían una solución correcta. (Esto puede ser un grave problema para los niños que se examinan de mates.)

Naturalmente, los científicos también realizan operaciones matemáticas.

Las primeras personas que intentaron explicar los fenómenos naturales en términos de fuerzas naturales y no de fuerzas divinas vivieron en la antigua Grecia y China. Pronto iremos a Grecia, pero antes hagamos un rápido viaje por China, donde se realizaron numerosos y asombrosos descubrimientos. El problema es que muchos de ellos no se conocieron en el resto del mundo.

Sigue leyendo.

ESOS SUFRIDOS CHINOS

Los chinos llevaban cientos de años haciendo descubrimientos que habrían dejado perplejo al europeo medio de la época. Los inventores de la China antigua inventaron, entre otras cosas, las cometas en el 390 a.C. y las carretillas en el 400 d.C. Pero para los pensadores e inventores chinos, la vida no era todo coser y cantar, como vas a descubrir muy pronto.

China: malos tiempos para la ciencia

Desde la antigüedad, en China gobernaban emperadores que hacían lo que les daba la gana, ya que gozaban de poder absoluto. Cuenta la leyenda que, en tiempos remotos, se produjo un inesperado eclipse solar (el Sol se escondió detrás de la Luna). Los dos astrónomos de la corte de la época, Hsi y Ho, no habían predicho el eclipse y el emperador ordenó su ejecución.

A otro emperador, Shih Huang-ti (259-210 a.C.), no le gustaban los libros antiguos. En el año 212 a.C. mandó quemarlos todos para hacer desaparecer todo conocimiento peligroso que pudiese ser utilizado en contra suya. El saber de la antigua China ardió en la hoguera. Podría ser una buena excusa para no hacer los deberes.

Pero los brutos emperadores no fueron el único obstáculo al que se enfrentaron los pensadores chinos.

- China es un país muy grande y el pensamiento se limitaba a un pequeño grupo de personas eruditas.
- Viajar de Europa a China era difícil. No era posible montarse en un reactor para ir a Pekín. Uno tenía que cabalgar durante meses a lomos de un apestoso camello y cruzar desiertos y montañas infestadas de bandidos. Así que era bastante difícil que las noticias sobre esos descubrimientos llegaran a Europa desde China.

- Los autores de libros sobre la historia de China se interesaban más por las hazañas gloriosas de los emperadores que por los nombres de sus humildes descubridores. Así que muchos chinos geniales han caído en el olvido. Algún gran inventor chino encontró la forma de ahuyentar a los insectos de las casas con humo en el 600 a.C. (seguro que los bichos se hincharían de satisfacción), o de hacer porcelana hacia el 700 d.C. (un descubrimiento realmente quebradizo), o de criar gusanos de seda para elaborar la seda en el 2600 a.C. ¡Pero nadie *sabe* el nombre de esos inventores!

Pon a prueba a tu profe

a) 1922
b) 1743
c) Siglo I a.C.

Respuesta: c) Construían torres de perforación con bambú, que estaban provistas de una barra de hierro fundido que horadaba la roca a la reducida velocidad de 2 cm por día, ¡una eternidad!, y alcanzaban profundidades de hasta 1400 metros. Los ingenieros chinos buscaban aguas salobres para obtener sal, pero a veces encontraban gas, que utilizaban para hervir el agua salada, con la cual, al evaporarse el agua, obtenían un depósito de sal.

El ingenioso Heng

Como es habitual, nadie sabe los nombres de aquellos ingeniosos ingenieros, pero a continuación te presentamos a un importante científico chino que sigue siendo recordado: el astrónomo Heng Zhang (78-139 d.C.)

MIS DESCUBRIMIENTOS

POR HENG ZHANG

Antes de iniciar mis investigaciones, la gente creía que la Luna era una diosa brillante de mágica luz. También creían que un eclipse tenía lugar cuando un dragón se comía el Sol. Pues bien, a través de observaciones precisas y muchas matemáticas, he demostrado...

1 Que la Luna brilla porque la ilumina el Sol.

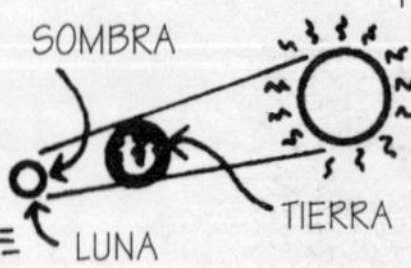

2 Que un eclipse lunar sucede cuando la Tierra se sitúa entre la Luna y el Sol, y proyecta su sombra sobre la Luna.

3 También he construido un aparato que detecta los terremotos. Cuando la tierra tiembla, una pelota cae de la boca de un dragón. La dirección de la caída de la bola señala la dirección del terremoto.

¡A que no lo sabías!

Uno de los inventos chinos más importante fue la pólvora. Al parecer fue inventada hacia el año 250 d.C. y era utilizada para hacer petardos y cohetes con los que asustaban a los caballos del enemigo. Sin embargo, aunque parezca increíble, no sabemos quién fue el autor de este gran invento, pero quienquiera que fuese, con toda probabilidad quedaría chamuscado en el intento.

Mientras, en Europa estaba naciendo una rama separada de la ciencia, que en el futuro llevaría a inventar los cohetes que llegarían a la Luna y al de las pizzas congeladas. Su diseñador fue un misterioso y poco conocido genio. ¿Quieres saber quién fue?

Pues sigue leyendo y lo descubrirás.

EL TALENTO DE TALES

Los antiguos griegos eran un pueblo inquieto, curioso y vivaracho, rebosante de ideas. Tenían pensadores, escritores y precursores de científicos, enfrascados todos ellos en la elaboración de nuevas teorías que explicaran el funcionamiento del mundo. Y uno de los griegos con más talento fue Tales de Mileto, ciudad situada en la Turquía de hoy y que entonces pertenecía a Grecia.

Cuadro de honor: Tales (625-547 a.C.)
Nacionalidad: griega

Tales está considerado la primera persona que explicó las cosas como lo haría un científico moderno, en términos de causas y efectos naturales, en vez de explicarlos en términos religiosos, como un sacerdote. Un día, Tales frotó un trozo de ámbar y vio que ciertos objetos eran atraídos por una misteriosa fuerza ahora llamada electricidad estática. El ámbar, en tales condiciones, incluso puede sacudirte una descarga si uno lo toca sin querer.

Nadie sabe si Tales de Mileto fue la primera persona que recibió una descarga eléctrica de este tipo, pero, sin lugar a dudas, fue el primero en creer que la electricidad era debida a causas naturales y no a causas divinas, como cuando se frota el ámbar.

Tales debió de ser una persona muy ocupada.

- Se dice de él que visitó Egipto y que los sacerdotes del lugar le enseñaron geometría. (La geometría es una rama de las matemáticas que trata de las formas.) Fue el primero que enseñó esta materia a los griegos. ¡Pobres griegos! Pero eso no fue todo. Tales además fue:
- Un político que contribuyó a la formación de un parlamento local.
- Un comerciante que aprovechó sus conocimientos científicos para ganar dinero. Utilizó una piedra imán (un imán natural que señala siempre el norte) para orientar los barcos.

¡A que no lo sabías!

Cuenta otra versión que los vecinos de Tales se burlaban de él porque se interesaba por la ciencia.

Tales aprovechó sus conocimientos para predecir una buena cosecha de aceitunas. Compró todas las prensas utilizadas para hacer aceite de oliva y ganó montañas de dinero.

Desatinos

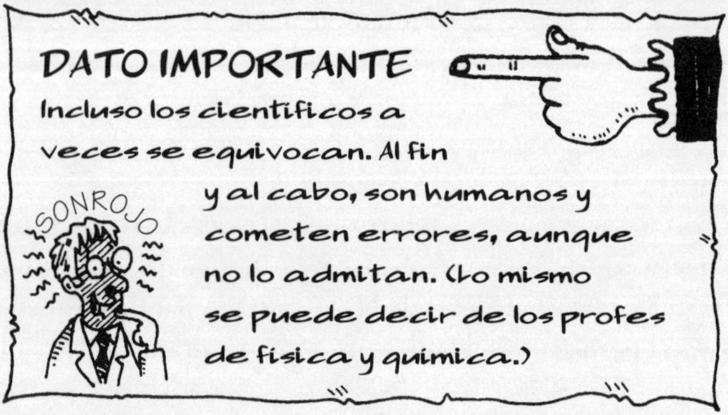

Gracias a este libro, te enterarás de las grandes pifias de los científicos. A continuación te presentamos el error más garrafal de Tales.

Tales creía que la Tierra flotaba en el agua y que, cuando el agua se agitaba un poco, se producían terremotos.

Se equivocaba, pero no del todo. Ahora, los científicos saben que la superficie de la Tierra sobre la que caminamos está formada por grandes placas tectónicas de miles de kilómetros de ancho, que flotan sobre una capa de roca fundida. (Supongo que a esto se le puede llamar flotar). Pero, al menos, Tales intentaba averiguar con lógica la causa de ciertos fenómenos.

Más sufridos griegos

En la antigua Grecia, había muchos ricos educados que no tenían que trabajar para vivir y tenían esclavos que les pelaban las uvas y les cortaban las uñas de los pies. ¿Verdad que sería fantástico tener tu propio esclavo? Incluso podrías obligarle a ir a la escuela en tu lugar. Con tan poco quehacer, algunos de los antiguos griegos más inteligentes dedicaron su tiempo «libre» a pensar y a varios se les ocurrieron ideas científicas.

Demócrito (460-380 a.C.) creía que los átomos eran las partículas más pequeñas del universo, pero no realizó ningún experimento que demostrara su existencia. Simplemente pensó que era lógico creer que debía de haber algo tan pequeño que no se pudiera partir por la mitad.

Ficha de datos

NOMBRE: Átomo

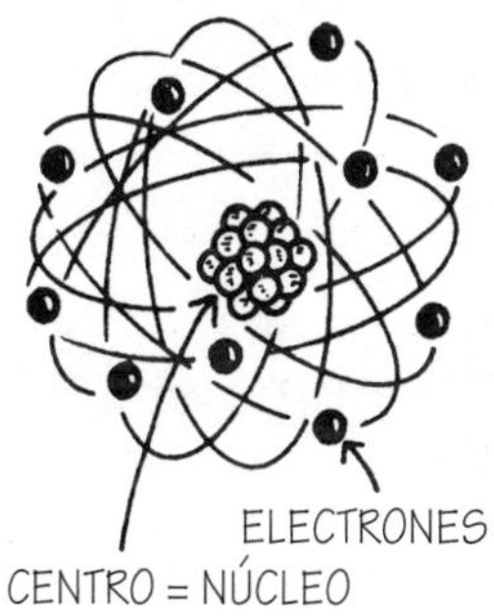

DATOS BÁSICOS: Todo lo que está en el universo está compuesto por diminutos átomos. Un átomo tiene un centro o núcleo todavía más pequeño y unos corpúsculos diminutos de energía llamados electrones que giran alrededor del núcleo.

DETALLES QUE DEBES SABER: Pese a que los científicos han dedicado muchos esfuerzos al estudio de los átomos, ninguno ha logrado ver uno en la vida real. Esto es porque los átomos son tan pequeños que ni siquiera se pueden ver con un microscopio.

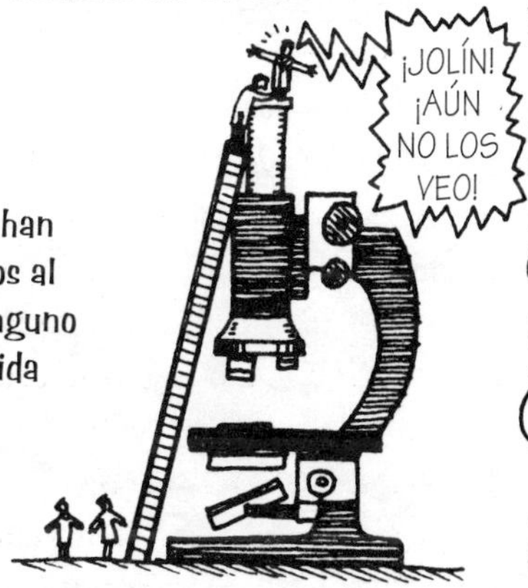

Eratóstenes (276-194 a.C.) trabajó en Alejandría, Egipto, como bibliotecario. Su mayor logro fue calcular el tamaño de la Tierra, midiendo las diferencias entre los ángulos de la sombra que produce el Sol al mediodía en dos localidades distintas de Egipto. La diferencia se debe a la curvatura de la superficie terrestre y, para completar sus cálculos, Eratóstenes ordenó a un esclavo que recorriera dicha distancia, unos 820 km, entre las dos ciudades de Alejandría y Cirene, y que *contara todos y cada uno de los pasos*. Las matemáticas hicieron el resto. Eratóstenes se hizo famoso para siempre y a su esclavo probablemente le salieron ampollas en los pies.

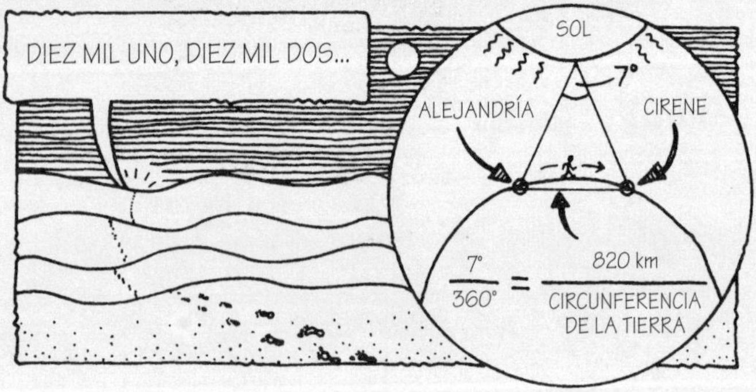

Listo, ¿verdad? Desafortunadamente, el pobre Eratóstenes se quedó ciego en la vejez y esto le deprimió tanto que se quitó la vida.

Arquímedes (287-212 a.C.) fue un genio completo que inventó las poleas y un método para subir el agua utilizando un tornillo sin fin de su invención.

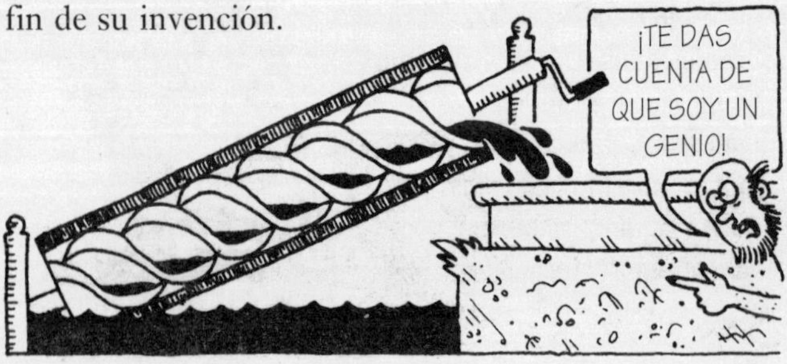

Pero su mayor logro fue el descubrimiento del célebre *Principio de Arquímedes*, según el cual un objeto sumergido en el agua experimenta un empuje vertical de abajo a arriba igual al peso del agua que desplaza.

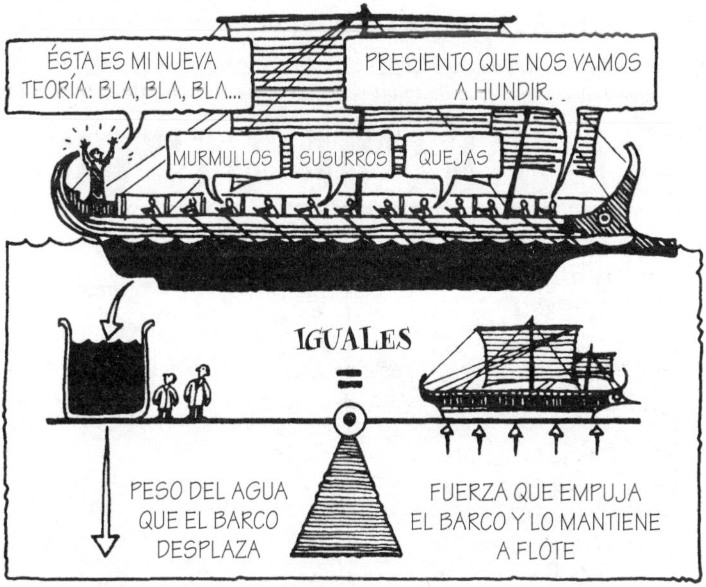

Que hiciera tal descubrimiento en la bañera no es más que una especulación. El pobre Arquímedes fue a menos en el 212 a.C., cuando su ciudad, Siracusa, fue invadida por los romanos. Arquímedes tuvo un pequeño altercado con un soldado romano y el genio fue víctima de la espada romana.

A Empédocles (490-430 a.C.) le interesaban muchas cosas: la política, la medicina y la predicción del futuro. (Cobraba a la gente por este servicio.)

Sin embargo, su mayor contribución a la ciencia fue su afirmación de que todo estaba compuesto de tierra, aire, fuego o agua, o de una mezcla de estas cosas. Era una sarta de errores, pero los científicos lo creyeron durante 2000 años. Sin embargo, lo que le hizo más famoso fue su forma de morir.

430 a.C.

EL HERALDO GRIEGO

EL ARDIENTE DESTINO DEL CHIFLADO CIENTÍFICO

por nuestro reportero: CALAMITAS

El famoso pensador Empédocles ha muerto. Pereció en el interior del volcán Etna, en Sicilia. El chiflado científico se precipitó en el ardiente cráter en un desesperado intento de convertirse en dios.

Desde hacía tiempo, Empédocles, de 60 años, se comportaba de una forma bastante rara y afirmaba ser el pensador más grande del mundo y de todos los tiempos. Además, decía que se convertiría en dios precipitándose en el volcán.

SEGUIDORA PERPLEJA

Una perpleja seguidora rindió homenaje al genio declarando:

«El bueno de Empédocles era una mezcla de tierra, aire, fuego y agua, pero ahora no es más que un puñado de cenizas. Me temo que, al no convertirse en dios, el humo se ha llevado su reputación. Pese a todo, era encantador.»

TESTIGOS OCULARES AFIRMAN HABER OLIDO A TOCINO FRITO.

Empédocles no fue el único científico de la antigua Grecia que tuvo un final violento. Los hubo a montones, pero eso merecería otro libro.

Cuenta el aburrido historiador...

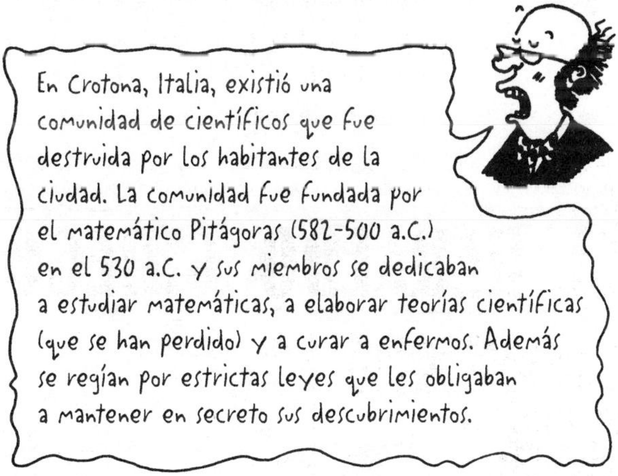

Un científico que no guardó en secreto sus ideas fue el inteligente hijo de un médico que llegó a ser el maestro de un rey. Se equivocó en muchas cosas, pero durante 1800 años fue el científico griego más famoso del mundo.

¿Cómo se llamaba?

EL ASOMBROSO ARISTÓTELES

Imagínate que fueses famoso. Saldrías por la tele, inaugurarías supermercados, te alojarías en hoteles lujosos y todo el mundo esperaría ante tu casa a que salieras y le firmaras un autógrafo.

Si el científico de este capítulo viviera, ahora sería muy famoso. Y no lo sería por tener 2400 años, sino por haber sentado las bases de la ciencia y haber escrito libros de gran éxito en los que detallaba sus descubrimientos.

Ésta es su vida:

Cuadro de honor: Aristóteles
(384-322 a.C.) Nacionalidad: griega

Los padres de Aristóteles murieron cuando él era muy pequeño. Sin padres que lo controlaran, se convirtió en una especie de delincuente juvenil y se pulió todo su dinero en fiestas alucinantes.

Pero, a la edad de 17 años, Aristóteles cambió por completo. Se fue a estudiar a Atenas con el filósofo Platón.

Las clases eran relajadas y tranquilas y el profesor animaba a los alumnos a descubrir las cosas por sí mismos. ¿No te gustaría que tu escuela fuese así?

A Aristóteles le gustaba tanto la escuela que se hizo maestro y enseñó en ella durante 20 años. Finalmente, Platón murió y su sobrino se hizo cargo de la escuela. El sobrino insistía tanto en las mates, que Aristóteles odiaba (no me extraña), así que viajó a Turquía y se dedicó a asesorar a los gobernantes en asuntos políticos y a estudiar la naturaleza. En el año 343 a.C. fue invitado a Macedonia, Grecia, a dar clases al futuro heredero del rey Filipo, su hijo Alejandro Magno (356-323 a.C.).

La brillante biología, la fútil física y la espantosa astronomía

Aristóteles se interesaba por todo (excepto por las mates, claro). Escribió montones de libros sobre la naturaleza y las fuerzas naturales y, con ello, creó las ciencias de la biología y la física, así que ahora ya sabes a quién echar la culpa.

Aristóteles destacó en biología. Escribió acerca de 500 tipos distintos de seres vivos e hizo disecciones a 50 para ver el funcionamiento de sus cuerpos. Vio que los delfines no eran peces porque alimentaban a sus crías con leche y no tenían branquias. Fue el primero en diseccionar un huevo fecundado y describir el desarrollo del feo polluelo antes de romper el huevo. ¿Serías capaz de hacerlo o serías un gallina?

Pero Aristóteles no fue tan bueno en física ni en astronomía y, aunque en su época sus ideas pudieran parecer lógicas, ahora sabemos que se equivocó en muchas cosas. Y cuando digo «se equivocó», quiero decir «se equivocó de medio a medio». Pero sus ideas supusieron un gran avance, porque proporcionaron explicaciones con fundamento lógico para muchas cosas. Por ejemplo, dijo:

¡ATENCIÓN: PELIGRO PARA LA SALUD!

Todos los «hechos» científicos que te presentamos a continuación son ERRÓNEOS. No medio erróneos ni medias verdades, sino errores garrafales, gazapos, patrañas, pifias, planchas. Así que copiar las páginas que siguen en tu cuaderno es tan sensato como meterse en la cueva de un león con un cartel colgando que diga «Hola, soy Filete». Hemos pedido a un aburrido científico que añada alguna que otra corrección.

CIENTÍFICO ABURRIDO

La física según Aristóteles

Un objeto pesado cae a más velocidad que uno ligero. Cuando una flecha cae al suelo, siempre lo hace en línea recta.

ERRÓNEAS AMBAS AFIRMACIONES. (SI NO ME CREES, MIRA LAS PÁGINAS 75-76.)

Los átomos no existen.

ERROR: TODO ESTÁ COMPUESTO DE ÁTOMOS.

Todo está compuesto de tierra, aire, fuego o agua.

ERROR: LOS CIENTÍFICOS SABEN QUE TODO ESTÁ COMPUESTO DE UNA MEZCLA DE ÁTOMOS, EN LOS QUE ARISTÓTELES NO CREÍA. POR CIERTO, SI LA TEORÍA DE ARISTÓTELES TE RESULTA FAMILIAR, NO TE EXTRAÑES, PORQUE ÉL SE LA ROBÓ A EMPÉDOCLES.

La astronomía según Aristóteles

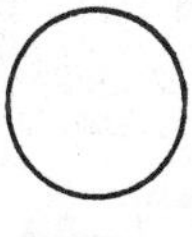

La Luna es una bola completamente lisa.

ERROR: PRUEBA A MIRAR LA LUNA CON UNOS PRISMÁTICOS Y VERÁS QUE NO ES VERDAD. (HASTA LA DÉCADA DE 1890 NO SE INVENTARON LOS PRISMÁTICOS, ASÍ QUE ARISTÓTELES NO TENÍA TODA LA CULPA).

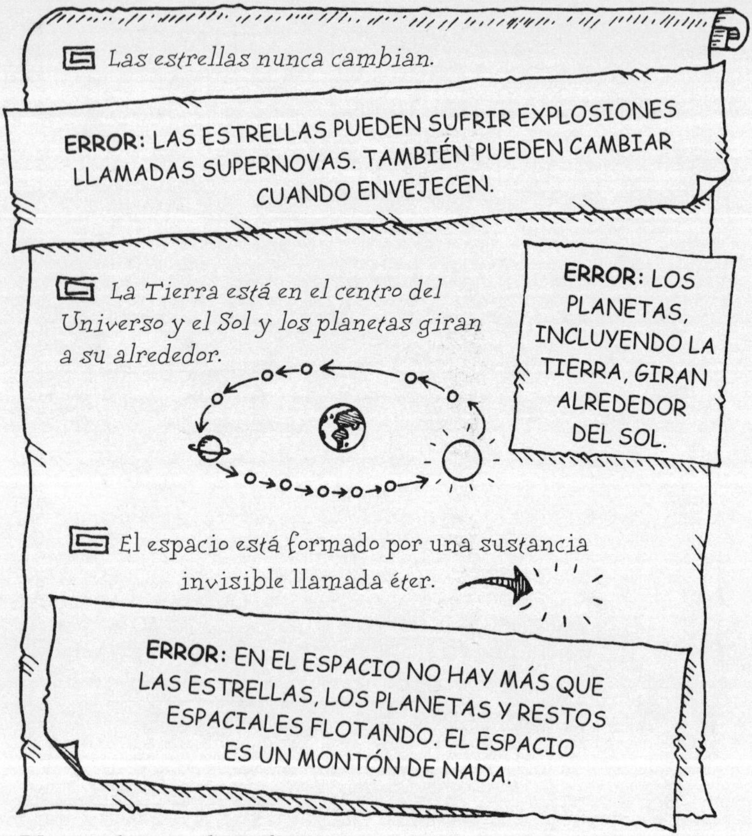

Un nudo en el estómago

Aristóteles murió víctima de una violenta indigestión. Este desgraciado suceso demuestra que la ciencia puede ser muy dolorosa. Pero hay algo incluso más desolador cuando eres científico, más triste aún que no saber las respuestas correctas: no hacer bien tu trabajo. Esto puede causar algún que otro desastre, tanto a los sufridos científicos como a ti y a mí.

¡Sigue leyendo, si tienes narices!

SEGUNDA PARTE

LOS DOLOROSOS MÉTODOS CIENTÍFICOS

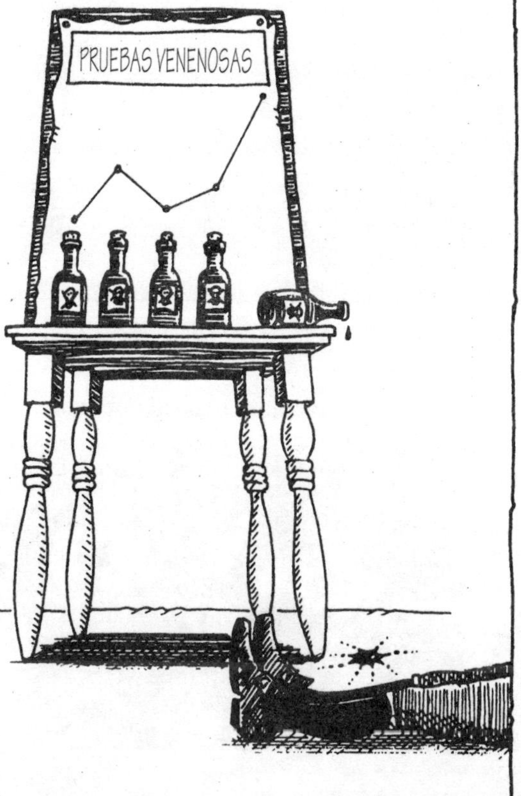

LOS MÉTODOS CIENTÍFICOS

¿Sabías que los científicos comprueban detenidamente sus teorías a través de experimentos y la observación de las cosas? Este esmerado enfoque científico no se inventó solo. Los aficionados a la ciencia descubrieron que éste era el mejor método para hacer ciencia, aunque les costó mucho descubrirlo.

Como muy bien sabes, Aristóteles fue un gran pensador, pero es indudable que era *demasiado* famoso y la gente se creía todo lo que decía. Para desgracia de la ciencia, si bien Aristóteles hizo un gran trabajo en la observación de los delfines o de los huevos, no creía que éste fuera el mejor método para hacer descubrimientos científicos. Al contrario, creía que los especialistas debían resolver los problemas discutiendo y que la gente común, como tú o yo, teníamos que aceptar lo que dijeran los especialistas, tanto si nos gusta como si no.

Era algo parecido a lo que sucede en la escuela.

Y por si esto fuera poco, durante los siguientes 2000 años los que ostentaban el poder y la iglesia cristiana creyeron que Aristóteles había sido el más genial de todos los científicos. Así que la gente le creía, aunque se equivocara. Eso significaba que incluso los grandes pensadores creían que el mejor método para resolver los misterios era leyendo libros escritos por especialistas como Aristóteles, en lugar de observar las cosas y llevar a cabo experimentos.

La situación no mejoró hasta el siglo XVII, cuando se hicieron nuevos descubrimientos y se comprobó que Aristóteles estaba equivocado. Pero no fue a un científico, sino a un abogado, a quien se le ocurrió un nuevo enfoque para el estudio de la naturaleza. Fue un sesudo abogado que sentía un curioso interés por los polluelos congelados.

Y todo se debió al inteligente:

Bacon y su método científico

Francis Bacon (1533-1626) no era científico, sino abogado. De hecho, era un abogado bastante bueno que sirvió a dos monarcas ingleses: a Isabel I (1533-1603) y a Jacobo I (1566-1625).

En 1621, Francis Bacon fue nombrado lord *Chancellor*, título dado al más alto magistrado del país, pero cinco días más tarde fue expulsado por aceptar sobornos. Esto perjudicó su carrera política, pero BENEFICIÓ a la ciencia.

Entonces, Bacon tendría mucho tiempo libre para escribir un libro en el que argüiría que el conocimiento del mundo no debía depender de las discusiones ni de los especialistas como Aristóteles, sino que, según decía Bacon, uno tenía que:

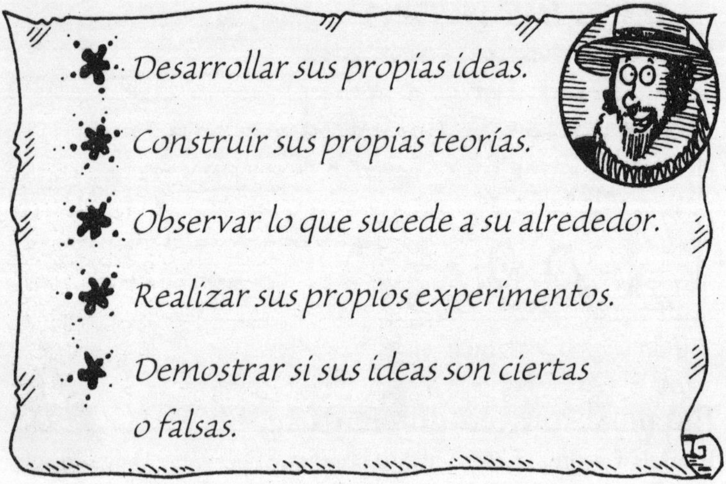

Poco a poco se fue reconociendo el valor de esta esmerada forma de trabajar. Así nació la ciencia tal como la conocemos. Naturalmente, si te haces científico, harás estas cosas. Pero hay un problema: a veces los experimentos son *realmente* horribles.

Atrévete a echar una mano en los siguientes experimentos.

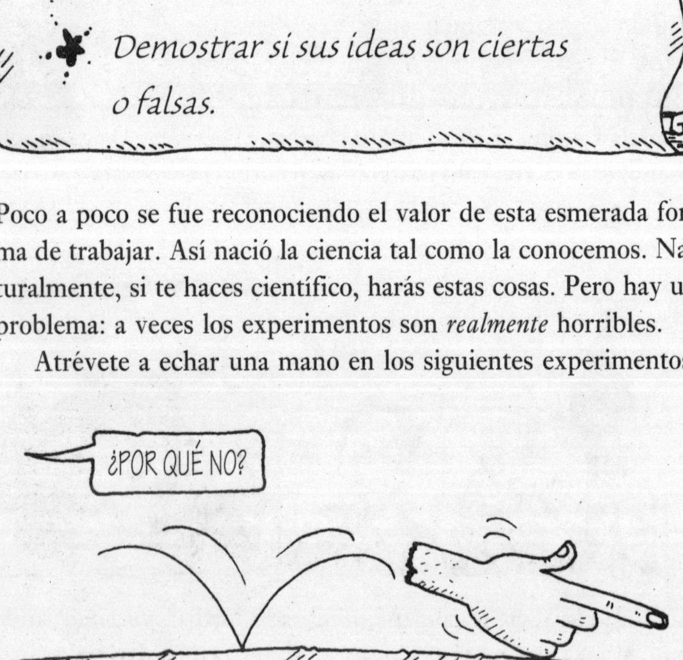

LOS EXPERIMENTOS DE ESOS SUFRIDOS CIENTÍFICOS

¿Has sentido alguna vez miedo al realizar un experimento científico? En el aire flota un olor que no procede de las sustancias químicas y que indica peligro. ¿Tienes miedo de que las sustancias que manipulas sean tóxicas o de que algo explote? Pues, anímate, la historia de la ciencia está llena de experimentos que han hecho padecer a los científicos.

Fíjate en lo que les sucedió a Robert Bunsen (1811-1899) y a su colega Emil Fischer (1852-1919). Robert Bunsen fue profesor de química de la Universidad de Heidelberg, Alemania. Entre sus hallazgos, destacan dos nuevos tipos de átomos: el cesio y el rubidio. Además investigó sustancias químicas hediondas, como las que contienen cacodilo, por lo que su ropa apestaba. La esposa de Emil Fischer decía:

Pon a prueba a tu profe

¿Tenéis mecheros Bunsen en tu escuela? Si es así, al terminar una clase de química, pregunta a tu profe:

Respuesta: El mechero Bunsen debe su nombre a Bunsen, pero éste no lo inventó. Es probable que lo inventara Peter Desdega, uno de sus ayudantes.

Volvamos a lo nuestro:

Supongo que la señora Fischer estaba acostumbrada al modo en que las desagradables sustancias químicas afectaban a su marido. Emil Fischer era un hombre alegre al que le gustaba tocar el piano y comer bien. Pero una de las sustancias que descubrió le quitaría las ganas de cenar. Le provocó una repugnante enfermedad por la cual la piel se le caía a jirones. Más adelante sucedió algo que destrozó su vida social.

A principios de la década de 1880 descubrió el escatol, una de las sustancias químicas alojadas en los intestinos, la que proporciona ese hedor a los pedos. Aquel mismo día, más tarde, algunos de sus alumnos, originarios de otra ciudad, se fueron a sus casas. Querían alojarse en un hotel durante la noche, pero el hedor a escatol que desprendían sus ropas era tan insoportable que el hotelero pensó que tenían el problema de que no podían controlarse los pedos, por lo que fueron rechazados.

Experimentos arriesgados

Pero, al menos no sufrieron tanto como unos científicos que probaron algo muy arriesgado.

¡ATENCIÓN: PELIGRO PARA LA SALUD!

No pruebes ninguno de los siguientes experimentos en casa. Y no los pruebes con tus hermanos o hermanas pequeñas, ni con inocentes animales de compañía.
Si no haces caso de esta advertencia, corres el riesgo de que te castiguen hasta que tengas 65 años y no seas ya un peligro para la sociedad.

Los fríos experimentos de Bacon

¿Te acuerdas de Francis Bacon y su afición a los experimentos? Es posible que en abril de 1626 cambiara de opinión. Por lo menos lo habría hecho si hubiese vivido lo suficiente.

El viejo **noticiero**

9 de abril de 1626

UN POLLO MATA A BACON

El ex lord Canciller Francis Bacon ha muerto.

BERT

Según Bert, su cochero, Bacon estaba en el carruaje contemplando la nieve, cuando decidió hacer un experimento. «Quería ver si la nieve podía conservar un pollo muerto. Pensé que no estaba en sus cabales.»

EL POLLO ASESINO

»Su Señoría compró un pollo muerto a un campesino –siguió contando Bert– y, cuando le estaba metiendo nieve en los intestinos, empezó a sentirse mal. Luego vomitó algo apestoso. Su

Señoría tenía casi tan mal aspecto como el pollo. Llamamos a un médico, quien dijo: Padece una grave constipación de estómago que ha pasado a sus pulmones. No le puedo salvar el pellejo.»

En los comienzos de la ciencia, no existían equipos de protección, como las gafas, los trajes especiales ni máscaras protectoras propiamente dichas, ni tampoco laboratorios.

Laboratorios defectuosos

La mayoría de los científicos necesitan un lugar donde poder llevar a cabo sus experimentos: en otras palabras, un laboratorio. A lo largo de la historia ha habido laboratorios de todas formas y tamaños. Comparemos los dos siguientes:

FINCAS LA ECONÓMICA
INMOBILIARIA

EN VENTA

Isla privada con castillo y laboratorio incluidos.

Castillo de Uraniberg, isla Hven, Dinamarca. Fincas La Económica tiene el placer de ofrecer esta propiedad única con su propia isla y aldea llena de dóciles campesinos. Sabemos que el castillo fue construido por el científico y astrónomo Tycho Brahe (1546-1601) en 1575.

Características de la propiedad:

- Isla con 40 granjas, un pueblo y 60 estanques llenos de peces comestibles.
- Un molino de viento, uno de papel y una presa.
- Dos perreras para perros guardianes.
- Castillo con laboratorio particular y paredes de 5 metros de grosor.
- Dos observatorios para estudiar las estrellas.

PRECIO DE GANGA

199.999.999 PESETAS

¡A que no lo sabías!
Tycho Brahe tenía muy mal carácter. A la edad de 19 años, retó a otro noble danés a un combate con espada a medianoche, nada menos que por culpa de la solución a un problema de matemáticas. ¿Te parece que los deberes de mates merecen un duelo? El noble le cortó a Tycho la punta de la nariz. ¡Seguro que no se quedaría con un palmo de narices! Durante el resto de su vida, Tycho llevó una nariz postiza de cobre y plata. Sin embargo siguió peleándose con la gente y, en 1597, tuvo que irse de Hven, tras enemistarse con la familia real danesa.

EN VENTA

El cobertizo, París

Una propiedad histórica, escenario en 1898 del descubrimiento de un nuevo tipo de átomo, un nuevo elemento químico: el radio, por parte de los científicos Marie Curie y su esposo, Pierre.

Características de la finca:

- Estructura adosada provista solamente de un piso compacto.
- Bien ventilada (tiene muchos agujeros), lo que resulta muy útil para librarse de los humos tóxicos de los experimentos que haga.
- Agradable y fresca en verano (y en invierno).
- Muy apropiada para los amantes del bricolaje.

Precio: se aceptan todas las ofertas razonables. Se acepta cualquier oferta, mejor dicho, se la regalamos.

¡A que no lo sabías!

El cobertizo fue el único espacio del que pudieron disponer los Curie, que siempre andaban mal de dinero. Marie Curie (1867-1934) y Pierre Curie (1859-1906) pasaron cuatro años en el cobertizo calentando sustancias tóxicas con el fin de conseguir el radio. Wilhelm Ostwald, un científico alemán que los visitó, dijo:

Los científicos siguen trabajando duro en los laboratorios y empleando estrictos métodos de observación y experimentación, parecidos a los que describió Bacon hace 300 años. Si tienen éxito y hacen un gran descubrimiento, pueden ganar un Premio Nobel.

Cuenta el aburrido científico:

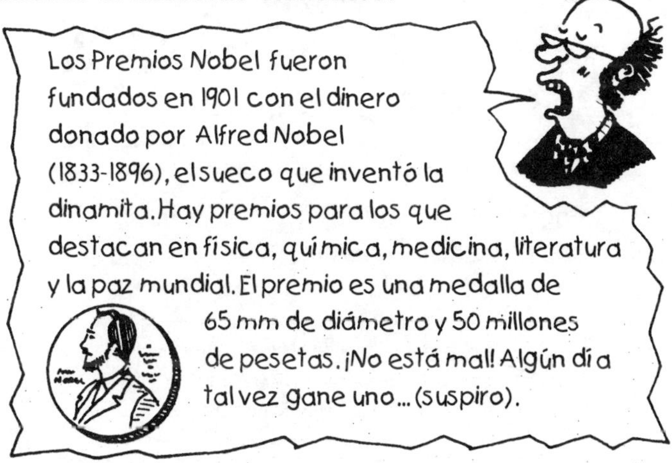

Pon a prueba a tu profesor

¿Qué edad tenía el científico más joven que ha ganado jamás un Premio Nobel?

a) 11
b) 45
c) 25

Respuesta: c) ¿Tu padre te ayuda a hacer los deberes de física y química? Entonces, la próxima vez que tengas problemas con la física, cuéntale lo siguiente: Es indudable que sir William Bragg (1862-1942) ayudó a su hijo Lawrence (1890-1971). Juntos encontraron la forma de estudiar los átomos a partir del modo en que los rayos X se desvían al pasar por una estructura cristalina. En 1915, padre e hijo, que tan sólo tenía 25 años, compartieron el Premio Nobel.

Si aún no tienes claro si quieres ser científico, seguro que te encantará leer el siguiente capítulo.

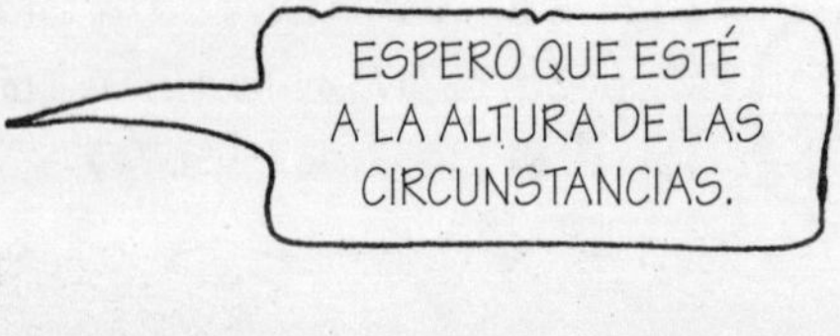

ESOS SUFRIDOS CIENTÍFICOS MODERNOS

Lo primero que tienes que decidir si quieres ser científico es el tipo de ciencia a que quieres dedicarte. En los 2300 años transcurridos desde que Aristóteles apareció en escena, la ciencia ha recorrido un largo camino. Se ha dividido en muchas ramas que tienen sus especialidades.

DATO IMPORTANTE

Esto sucedía hacia el 1800.
Por aquel entonces, el conocimiento científico se había complicado tanto, que nadie podía saberlo todo. Por este motivo, los científicos decidieron especializarse en una u otra rama de la ciencia. A continuación, te presentamos una guía práctica que te ayudará a distinguir los principales tipos de científicos.

Científicos clasificados por temas

Astrónomos

Estudian el espacio y todo lo que contiene. Se interesan por cuestiones como el tamaño del universo y las condiciones de los otros planetas. Dado que la mayoría de astrónomos no han estado nunca en el espacio, tienen que observarlo a través de telescopios o enviar sondas espaciales que exploren el cielo nocturno. Sin embargo, los astrónomos no pasan mucho tiempo mirando por el telescopio. Los ordenadores analizan las imágenes de forma automática y las reproducen para que los astrónomos las puedan ver.

sigue...

Químicos

Se interesan por los elementos químicos y las distintas formas de mezclarlos para obtener nuevas sustancias. Puesto que la estructura de las sustancias químicas depende de una disposición determinada de los átomos, a los químicos les interesa mucho averiguar la forma en que los átomos se unen y las bonitas formas que adoptan cuando están enlazados.

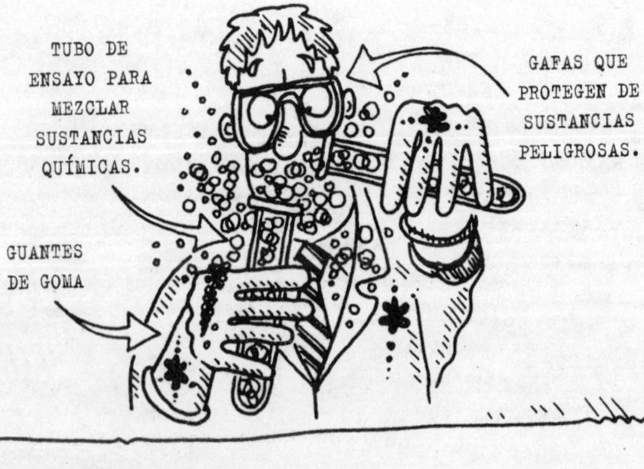

Biólogos

Estos científicos estudian las plantas y los animales, y cómo logran sobrevivir sin ser devorados o sin morir por una enfermedad. A los biólogos también les interesan los detalles truculentos, como el modo en que los seres vivos se alimentan, crecen y se reproducen; es decir, cómo producen crías (o plántulas, en el caso de las plantas). Hay biólogos que se especializan en el estudio del cuerpo humano y otros observan las células: las partículas diminutas y gelatinosas que constituyen las plantas y los animales.

Físicos

Estudian la energía y las fuerzas, como la de la gravedad, que hace que los excrementos de las palomas caigan sobre tu cabeza. Observan el modo en que los objetos se mueven, es decir, objetos superenormes como los planetas y las estrellas y objetos diminutos como los átomos. A los físicos además les interesan las

sigue...

En este libro encontrarás los cuatro tipos de científico. Abre bien los ojos y búscalos.

Un proyecto de otro mundo

Pese a que los cuatro tipos distintos de científicos estudian temas diferentes, a veces se reúnen para trabajar en un proyecto que requiere más de un tipo de especialista. Por ejemplo, un estudio del comportamiento de los insectos en el espacio requiere:

- Un astrónomo que trace la ruta espacial.

- Un físico que construya el cohete.

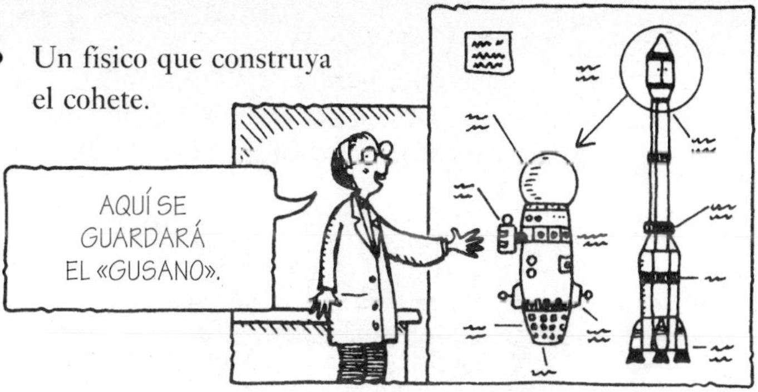

- Un químico que haga la mezcla de combustible para el cohete.

- Un biólogo que estudie y cuide los bichos.

Naturalmente, cuanta mayor sea la envergadura del proyecto, más científicos participarán en él. En los proyectos de gran importancia, como los del programa espacial de la NASA de Estados Unidos, participan centenares de científicos. Pero, sea cual sea su especialidad, los científicos tienen una cosa en común: todos utilizan ordenadores para su trabajo. Analicemos más de cerca el asombroso proyecto «Bichos en el espacio».

El astrónomo utiliza el ordenador para calcular la órbita del laboratorio espacial que contiene los bichos. Una simulación realizada por ordenador muestra dónde están los principales residuos espaciales con los que hay que evitar chocar. Mientras tanto, el físico utiliza el ordenador para calcular las fuerzas que impulsan los cohetes, los efectos de las bajas temperaturas del espacio sobre el metal, la cantidad necesaria de combustible según el peso que haya que levantar del suelo y otros aspectos fascinantes, es decir, fascinantes para un físico.

El químico, con otro programa de simulación por ordenador, se ha encargado de calcular la reacción de las distintas sustancias que componen la mezcla de combustible cuando explota a altas temperaturas. ¿Impulsarán el cohete de forma correcta o les estallará ante sus narices?

La bióloga no tiene la menor intención de ir al espacio para cuidar de los bichos. Por este motivo, está elaborando un programa informático que controle la cantidad de luz y alimentos que deberán recibir de forma automática.

El cohete ya está preparado para ascender hacia las estrellas con los bichos bien protegidos a bordo. 10, 9, 8, 7...

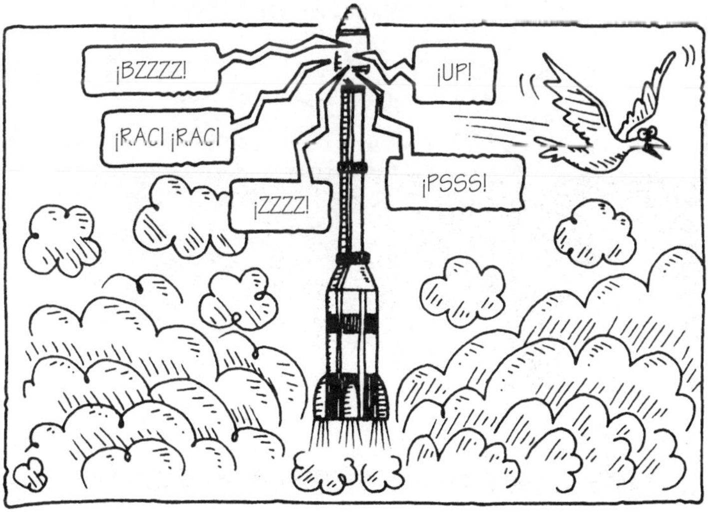

Y en este punto debemos dejar el proyecto. Te gustará saber que el cohete se eleva sin problemas, que los bichos pasan varias semanas felices dando vueltas alrededor de la Tierra y que los científicos se lo pasan en grande observando a los bichos por las pantallas de los ordenadores. Hablando del espacio, hacia allí iremos: en el capítulo siguiente descubrirás a los primeros observadores de las estrellas y ¡lo mucho que sufrieron!

TERCERA PARTE

LOS SUFRIDOS ASTRÓNOMOS

LOS ASTRÓNOMOS DE LA ANTIGÜEDAD

Nuestra familia del Paleolítico, los Sílex (¿los recuerdas? Salían en la página 12) contemplaban los cielos maravillados como niños e intentaban adivinar de dónde procedían las estrellas y por qué brillaban. Si esto te parece aburrido, no olvides que en aquellos tiempos no tenían tele.

¡A que no lo sabías!

Hay quienes piensan que Stonehenge y otros círculos de piedras (cromlechs) erigidos en la Edad de Piedra (raro, ¿verdad?) son una especie de relojes gigantes. Quedaban alineados con el sol naciente en el día del solsticio de verano y, de ese modo, los que los habían construido determinaban el día en que empezaba el verano. Al menos no necesitaban pilas.

Mientras tanto, hace unos 3000 años a.C., los astrónomos de la India, Egipto, China y Oriente Medio observaban el cielo nocturno y cogían tortícolis. Hacían cálculos para averiguar la posición de las estrellas y observar el trayecto que recorrían en el cielo durante un año para poder definir los detalles del calendario.

¡A que no lo sabías!

Los pueblos indígenas de América Central también registraban datos astronómicos. Los mayas, que existieron desde aproximadamente el 2600 a.C. hasta el 900 d.C., calcularon la órbita que dibujaba Venus alrededor del Sol con tanta precisión que solamente se equivocaron de 14 segundos.

En Europa, apareció Aristóteles y sus dudosas teorías. Ptolomeo de Alejandría las repitió y añadió que el Sol, los planetas y las estrellas estaban dentro de bolas transparentes de cristal que giraban alrededor de la Tierra. Los líderes religiosos abrazaron estas ideas porque creían que encajaban perfectamente con los relatos bíblicos. Así que, durante los 1400 años siguientes, en Europa no surgieron nuevas teorías astronnómicas, porque todo el mundo creía que Aristóteles lo había dicho todo.

¡A que no lo sabías!

Uno de los motivos de que esto sucediera fue la creencia general de que los humanos eran la forma de vida más importante del Universo y de que la Tierra era el lugar principal en él, por lo que era impensable que la Tierra no estuviera en el centro del Universo. De hecho, hay personas que todavía piensan que son el centro de la creación.

La perseguida Hipatía

Pese a que todo el mundo aceptase sin reserva las teorías de Aristóteles, se seguía enseñando astronomía en las escuelas y los astrónomos continuaban buscando la posición de las estrellas. Uno de los astrónomos de la antigüedad tuvo un final horrible. Se trata de Hipatía de Alejandría (375-415 d.C.), una filósofa que escribió libros sobre astronomía y matemáticas. Además, dibujó mapas de la esfera celeste en los que señaló la posición de muchas estrellas en diferentes épocas del año. Para ello, diseñó un astrolabio (aparato que mide la posición de los astros). Por desgracia, los planos precisos del astrolabio de Hipatía se han perdido y la pobre terminó muy mal.

La mala suerte de Hipatía

En aquella época, en Alejandría se libraban numerosas batallas entre los defensores de las distintas religiones: judíos, cristianos y aquellos quienes, como Hipatía, creían en los antiguos dioses romanos. A los cristianos no les gustaba Hipatía porque era amiga de su enemigo, Orestes, el romano que gobernaba Egipto. ¿Me sigues? Cuando Orestes se peleó con Cirilo (376-444), el gobernador cristiano de Alejandría, los cristianos culparon a Hipatía de la desavenencia.

El asesinato de Hipatía surtió efecto. Orestes huyó de Egipto y los asesinos quedaron impunes.

Durante los 1200 años siguientes, en Europa no hubo apenas novedades en el campo de la astronomía, pero en el resto del mundo surgieron excelentes astrónomos, como el que nos ocupa en el capítulo siguiente: una verdadera estrella. Y, aunque parezca increíble, empezó siendo *maestro*.

UMAR, LA ESTRELLA DE LA CIENCIA

Este capítulo está dedicado a Giyat al-Din Abu al-Faz Umar Ibn Ibrahim al-Nisaburi al-Jayyami. Parece un trabalenguas y seguro que su madre tardaría siglos en llamarlo para la merienda.

Afortunadamente, ha pasado a la historia con el nombre de:

Cuadro de honor: Umar Hayyãm
(1040-1132 d.C.) Nacionalidad: persa

Umar nació en Jorasan, situada en el actual Irán. No se sabe nada de su familia, pero el nombre Ibrahim significa «fabricante de tiendas», por lo que es probable que su familia se dedicara a este oficio para ganarse la vida. El joven Umar debió de recibir una buena educación porque se hizo maestro y tenía mucho interés por las cuestiones científicas. Sin embargo, le resultaba muy difícil estudiar.

Más tarde confesó que, al ser maestro, estaba tan ocupado enseñando que le quedaba muy poco tiempo para indagar en los temas que tenía que enseñar a sus alumnos. ¿Tu profe tiene el mismo problema? ¿Te atreverías a preguntárselo?

Por lo menos, Umar encontró tiempo para escribir un libro sobre álgebra y otro sobre música. Si hubiese tenido más tiempo, tal vez habría escrito un libro sobre matemáticas musicales. Más tarde su situación mejoró.

El nacimiento de una estrella

Hacia el 1070, Umar entabló amistad con un importante juez llamado Abu Tahir. Al juez le gustarían las mates porque Umar le dedicó dos libros sobre álgebra posteriores.

La obra que Umar hizo para el juez llamó la atención del sultán Jalal al-Din que le encargó que se cuidara de su observatorio astronómico.

Umar era muy feliz y pasó los siguientes 18 años observando el movimiento de más de 100 astros. Y así era cómo lo hacía:

Un calendario crucial

Vistas desde la Tierra, las estrellas parecen girar a nuestro alrededor en el transcurso de un año. En 1079, Umar había obtenido información suficiente de sus observaciones de los astros para calcular la duración exacta de un año.

En realidad sólo se había equivocado de 0,0002 días. Esto significaba que, si uno siguiese un calendario diseñado por Umar, al cabo de 5.000 años sólo habría perdido un día, aunque, claro está, sería tan viejo que ya no le importaría perderse el cumpleaños o comerse los turrones de Navidad el día de san Esteban. (De hecho, nuestro calendario actual es menos preciso que el de Umar, porque se pierde un día en 3333 días.)

Umar aconsejó al sultán adaptar el viejo calendario al nuevo año que él había calculado, pero entonces las cosas empezaron a ir mal.

En primer lugar, el sultán murió.

Umar pensó que todo iría bien porque era amigo del gran visir, el primer ministro persa.

Pero la esposa del sultán usurpó el poder y se peleó con el gran visir, que fue asesinado misteriosamente.

La sultana no tenía en gran estima a los amigos del visir y el observatorio de Umar fue clausurado.

Umar escribió un libro en el que declaraba que los antiguos monarcas de Persia fueron bondadosos, generosos y buenas personas, en especial para los astrónomos como Umar.

Pero a la sultana no le hizo ni pizca de gracia aquella insinuación tan poco sutil y, como es lógico, a Umar no le volvieron a ofrecer ningún otro trabajo.

¡A que no lo sabías!
Umar fue un excelente poeta y, en Europa, es más conocido por sus versos que por sus estudios sobre el uni-verso, ja, ja.

Una fútil predicción del futuro

Entre otras cosas, Umar elaboraba horóscopos basándose en la posición de los astros para predecir el futuro de las personas importantes. Desperdició mucho tiempo en esto, aunque, en lo más profundo de su corazón, no creía en ello. (Por lo visto, la gente todavía cree en esta práctica, conocida con el nombre de astrología, pero sería difícil sorprender a un científico moderno echando una ojeada a su horóscopo en el periódico.)

Mientras, en Europa, todavía se seguía creyendo en las dudosas teorías de Aristóteles sobre el Universo. Y tuvieron que pasar otros 400 años hasta que apareció un astrónomo tan listo que demostró que las teorías de Aristóteles eran erróneas.

EL GENIAL COPÉRNICO

Nicolás Copérnico tuvo suerte, una suerte de muerte. Nunca mejor dicho, porque cuando sus teorías se imprimieron ya estaba muerto. Aunque esto, por otra parte, le salvó de un final horripilante a manos de la Inquisición.

Cuadro de honor: Nicolás Copérnico

(1473-1543) Nacionalidad: polaca

Cuando Copérnico tenía tan sólo diez años de edad, su padre, un rico comerciante, murió y el muchacho se fue a vivir con su tío. En aquellos días era muy práctico tener un tío que fuese un rico y poderoso obispo. Por consiguiente, el joven Nicolás tenía mucho dinero para sus gastos y pudo seguir su educación durante 15 años más después de que dejara la escuela. (Ya sé que probablemente tú no consideras esto tener buena suerte, pero al joven Copérnico le gustaba mucho aprender.) Tras estudiar matemáticas durante cierto tiempo en una universidad de Polonia, se fue a Italia a estudiar medicina y derecho en otras tres universidades.

DATO IMPORTANTE

En aquella época, Italia era un lugar muy interesante. Los eruditos desempolvaban los textos de la antigua Grecia y Roma que habían estado acumulando polvo en los viejos monasterios. Las personas cultas volvían a interesarse por la ciencia y las ideas de los griegos.

Supongo que su tío se preguntaba cuándo dejaría de estudiar y se buscaría un trabajo como Dios manda. Así que, mientras su sobrino estaba en el extranjero, su tío le buscó un trabajo en su país, como canónigo de la catedral de Frauenburg.

Los canónigos llevaban los asuntos administrativos y a Copérnico le quedaba mucho tiempo para su gran afición, la astronomía. Empezó a interesarse por esta ciencia en Bolonia (una de las universidades italianas en las que estudió) después de ver un eclipse de luna. Tuvo la suerte de que el bueno de su tío mandara construir una torre para que desde ella pudiera contemplar bien las estrellas.

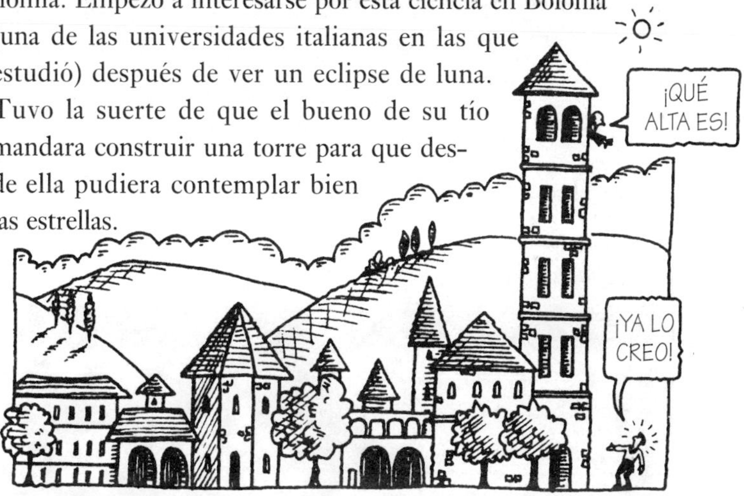

Gira que gira

Copérnico observó que, durante un año, las estrellas se acercaban a la Tierra y se alejaban de ella. De ello dedujo que la Tierra se movía dibujando un gran círculo en el espacio, por lo que debía de girar alrededor del Sol, en vez de ser el Sol el que girase alrededor de la Tierra.

Copérnico no acertó en todas sus teorías. Como Ptolomeo, pensaba que los planetas estaban dentro de bolas de cristal. Naturalmente, si hubiese tenido una bola de cristal de verdad, se habría dado cuenta de que su teoría era errónea. En 1543, sufrió una apoplejía (una obstrucción del riego sanguíneo cerebral). A resultas de ella, no podía moverse ni hablar, pero alguien le trajo un ejemplar del libro en el que exponía su teoría, cuando la tinta todavía estaba húmeda. Murió con el libro entre las manos.

Copérnico tuvo mucha suerte de morir antes de que los mandamases de la Iglesia leyeran su libro. Suponiendo que hubiese vivido más tiempo, podría haber muerto de una forma mucho más dolorosa: quemado en la hoguera, pena aplicada en los casos de herejía, es decir, la proclamación de ideas contrarias a las de la Iglesia. Recuerda que la Iglesia decía que Aristóteles tenía razón en sus afirmaciones de que el Sol giraba alrededor de la Tierra. Pero Nicolás Copérnico no fue el único científico que se enfrentó (a no ser por su oportuna defunción) a una muerte terrible.

¡A que no lo sabías!

Giordano Bruno (1548-1600) fue un monje italiano cuyas teorías sacaron a los dirigentes de la Iglesia de sus casillas. Bruno creía que:

Bruno no realizó muchos trabajos de investigación propiamente dichos (recurrió al razonamiento y a la especulación), pero dos de sus ideas eran ciertas. ¿Cuáles eran?

Bruno frente a la Inquisición

Bruno recorrió Europa ganándose la vida enseñando y escribiendo. Luego decidió volver a Italia, lo cual fue un error fatal. A Bruno le habían ofrecido un trabajo de profesor en Venecia y creyó que su jefe le protegería, pero no lo hizo. Al contrario, Bruno fue detenido por la macabra Inquisición, una organización que pertenecía a la Iglesia y se encargaba de acabar con las herejías, recurriendo a la tortura y a la ejecución si era necesario. Tras pasar siete años en la cárcel, Bruno fue juzgado y acusado de hereje, delito para el cual solamente había un castigo.

Un final infeliz

La buena noticia

El juez supremo dijo:

La mala noticia

De inmediato se ejecutó la sentencia, el 8 de febrero de 1600. El pobre Bruno, sin querer, había prendido el fuego con sus teorías científicas y ahora se lo iban a pagar con más fuego. Pero Bruno no fue el único científico que se enfrentó a una muerte cruel.

EL INTRÉPIDO GALILEO

En 1633, Galileo Galilei era un famoso astrónomo, considerado un científico genial y completo. Pero aquel mismo año fue amenazado con torturas y muerte por parte de la Inquisición. ¿Galileo pasó por lo mismo que Bruno?

Cuadro de honor: Galileo Galilei

(1564-1642) Nacionalidad: italiana

Al joven Galileo le interesaban mucho las matemáticas. De hecho era tan bueno en esta materia que, con tan sólo 25 años, fue profesor de matemáticas en la Universidad de Pisa. Luego se interesó por la ciencia, tras leer los libros de Bruno y de Copérnico. Los libros convencieron a Galileo de que la Tierra giraba alrededor del Sol.

DATO IMPORTANTE

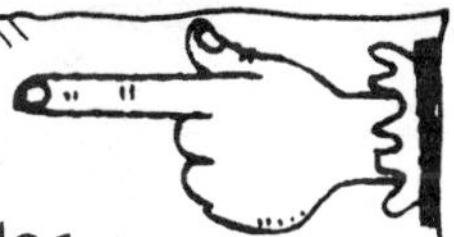

Los científicos se han interesado por distintas ramas de la ciencia según las épocas. Gracias a Copérnico, en los cien años posteriores a 1550, se produjo un fuerte impulso de la astronomía, y surgieron famosos astrónomos, como Galileo, que se dedicaron exclusivamente a esa ciencia.

Fantásticos descubrimientos en física

Mientras, Galileo realizaba grandes descubrimientos que no estaban relacionados con la astronomía, sino con la física.

Por ejemplo, observando con atención un péndulo, demostró que cada una de las oscilaciones duraba exactamente el mismo tiempo, independientemente de su tamaño. Además lo explicó en términos matemáticos, siendo el primero en utilizar las matemáticas para describir el movimiento de un objeto. Gracias a su descubrimiento, el científico holandés Christiaan Huygens (1629-1693) construyó el primer reloj de péndulo del mundo, un reloj que aprovechaba el movimiento oscilatorio regular del péndulo para medir el tiempo.

¿Sabrías descubrir dos hallazgos de Galileo?

Experimento 1

Necesitarás:

Una pelota de goma

Una mesa

Cómo debes hacerlo:

Haz rodar la pelota por la mesa hasta que se caiga por el borde.

¿Qué hace la pelota cuando llega al borde de la mesa?

a) Se cae en línea recta.

b) Sigue rodando por el aire unos centímetros y luego se cae al suelo en línea recta.

c) Se cae dibujando una trayectoria curva.

¡ATENCIÓN: PELIGRO PARA LA SALUD!

No pruebes este experimento a la hora de comer o cuando en la mesa haya adornos de valor incalculable. De lo contrario, tendrás que limpiar el estropicio y comer en el suelo con el gato.

Respuesta: c) Aristóteles había dicho que, cuando algo cae, lo hace en línea recta y vertical, ¿te acuerdas?, pero nunca lo había comprobado con un experimento. El descubrimiento de Galileo permitió a los artilleros disparar los cañones con más precisión, así que ¡cúbrete!

Experimento 2

Necesitarás:

Una pelota de tenis de mesa
Una pelota de plastilina del mismo tamaño.

Cómo debes hacerlo:

1 Dejar caer ambas pelotas por la barandilla de la escalera o por una ventana de un primer piso.

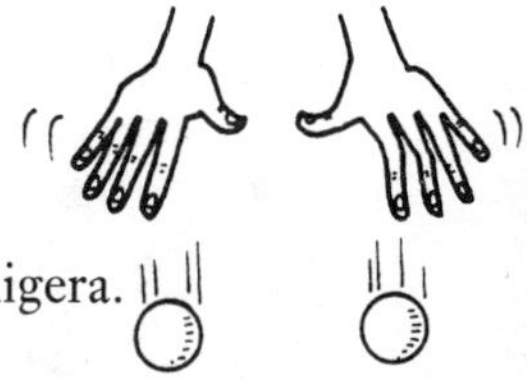

¿Cuál de las pelotas llega antes al suelo?

a) La pelota de plastilina porque pesa más.
b) La pelota de tenis de mesa, porque es más ligera.
c) Llegan al suelo al mismo tiempo.

¡ATENCIÓN: PELIGRO PARA LA SALUD!

Espero que antes comprobaras que no pasaba nadie por debajo. Si no, lo siento. Olvidé recordártelo.

Respuesta:

c) Aristóteles dijo que los objetos más pesados caían a más velocidad que los más ligeros. Haciendo rodar bolas de distinto peso y controlando su velocidad, Galileo demostró que Aristóteles estaba equivocado. Siempre y cuando sean del mismo tamaño y no estén afectados por ninguna fuerza, tanto los objetos pesados como los ligeros caen al suelo a la misma velocidad, porque la fuerza de gravedad los afecta del mismo modo. Galileo no descubrió este último detalle y no se dio cuenta de la intervención de la fuerza de gravedad. (Esto lo haría Isaac Newton, véase página 166.) Pero la obra de Galileo le sirvió como punto de partida a Newton.

¿Qué tal te ha ido? Si has acertado ambas preguntas, vas por el buen camino para llegar a ser un gran científico como Galileo. Aunque espero que no te detengan y te amenacen con la tortura y la muerte, porque esto es lo que le sucedió a Galileo.

La buena estrella de Galileo

En 1609, Galileo se pasó de la física a la astronomía. Oyó hablar del recién inventado telescopio y decidió fabricarse uno. Con él descubrió cuatro satélites de Júpiter y las montañas de la Luna. Estos descubrimientos demostraron una vez más que las teorías de Aristóteles eran erróneas: la Luna no era una bola perfectamente redonda, como creían los antiguos griegos, sino que tiene protuberancias y cráteres.

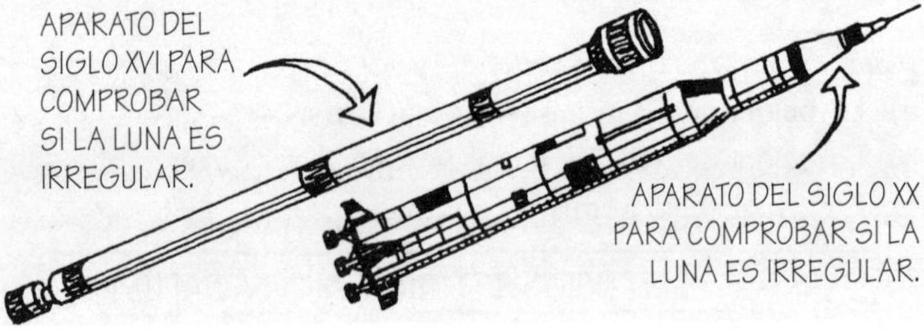

Lo más importante que hizo Galileo fue observar que los planetas Venus y Saturno giraban alrededor del Sol, de modo que la Tierra no era el centro del sistema solar. ¡Copérnico y Bruno tenían RAZÓN! Galileo se moría de ganas de hacerlo público, por lo que en 1610 escribió un libro en el que defendía esta teoría. ¡Esto fue un GRAVE error!

Un tiempo de prueba

Galileo fue brillante en casi todo: un pintor brillante, un escritor brillante, un músico brillante y, por supuesto, un científico brillante. Lo único en lo que no era brillante era en ser humilde.

Por consiguiente, tuvo muchos enemigos, en especial en la Iglesia. En 1633, tras haber sido amonestado varias veces por sus enseñanzas, Galileo fue sometido a juicio ante la Inquisición. Lo acusaban de herejía y, probablemente, sería condenado a la hoguera. A continuación, presentamos un breve resumen de lo que podría haber sido su ficha policial.

Naturalmente, cualquier ignorante sabe que el Sol gira alrededor de la Tierra. Si la Tierra se moviera, los pájaros se caerían de los árboles, ¿no?

ANTECEDENTES:

Galileo prometió renunciar a sus ideas en 1616, pero el año anterior publicó otro libro en el que se burlaba de las enseñanzas de la Iglesia y exponía sus perversas teorías. Dice que, en su libro, basado en la conversación entre tres personas, aparecen todos los puntos de vista. Pero el personaje que representa nuestros puntos de vista se llama Simplicius... y creemos que con esto quiere decir que somos estúpidos. Esta vez, Galileo se ha pasado de la raya.

UNA CUESTIÓN CANDENTE

¿Galileo admitirá que se ha equivocado? Ante todo hay que enseñarle los instrumentos de tortura, como el potro en el que se estira a la víctima hasta que sus piernas y brazos se dislocan (los del oficio lo conocen como «estiramientos»). Luego están las tenazas candentes y la cuerda que se ata al cuello, provista de nudos que se van estrechando hasta hacer saltar los ojos de las órbitas.

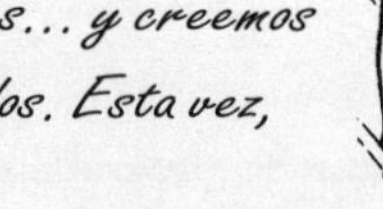

El remate final es la hoguera.

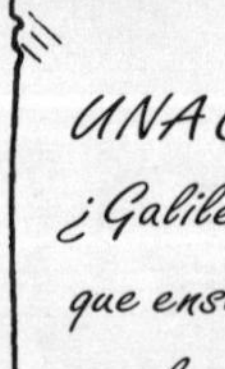

¿Qué sucedió después?

Cuenta el aburrido historiador:

Pero Galileo no murió. Para salvar la vida, confesó que la Tierra no giraba alrededor del Sol. Éstas fueron sus palabras:

Y, según la leyenda, añadió en voz baja:

Galileo fue condenado a cadena perpetua. Fue encerrado en su propia casa y ya no lo dejaron salir. Terminó ciego y tuvo que renunciar a la ciencia porque no tenía a nadie que lo ayudara.

¡A que no lo sabías!

Galileo y Bruno no fueron los únicos astrónomos que tuvieron problemas. Johann Kepler (1571-1630) fue un astrónomo alemán que utilizaba las matemáticas para demostrar que los planetas giraban alrededor del Sol, dibujando círculos aplanados llamados elipses. Pero él presumía de escritor de ciencia ficción. En 1610 escribió una historia en la que su madre era una hechicera que se comunicaba con monstruos extraterrestres de la Luna. Alguien enseñó el relato a las autoridades y éstas creyeron que era cierta. A la pobre e inocente anciana la sacaron a rastras de su casa y la amenazaron con la tortura por ser bruja. Kepler logró que la soltaran, escribiendo cartas a los peces gordos.

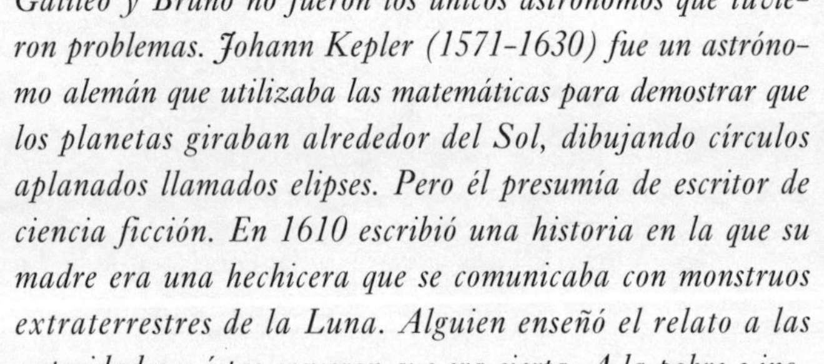

Gracias a la obra de Galileo y Kepler, astrónomos de toda Europa utilizaron sus telescopios para contemplar los cielos y trazar la posición de los astros y los planetas. En todas partes, excepto en el seno de la Iglesia, se aceptaba que la Tierra realmente gira alrededor del Sol. Pero quedaban muchas cosas por descubrir.

LOS ASTRÓNOMOS MODERNOS

En 1929, el astrónomo estadounidense Edwin Hubble (1889-1953) revolucionó el universo. Bueno, no en un sentido literal, pero sí cambió el modo en que los científicos miraban el universo. Se dio cuenta de que sea cual fuera la dirección en que se observen, las galaxias, esos enormes grupos de estrellas que componen el universo, se alejan a gran velocidad de nosotros.

Claro está que esto podría significar que a los extraterrestres no les gustamos, pero Hubble razonó correctamente que el universo se expandía como un globo al hincharse. Y si el universo se expande, es lógico pensar que en algún tiempo fue diminuto. Hubble dijo que el universo se originó con una expansión (conocida como el *Big Bang*) y que, desde entonces, ha ido creciendo continuamente. Hubble se hizo famoso y se relacionó con estrellas del cine y hay quienes dicen que se le subieron los humos a la cabeza. ¡Seguro que era un cabezudo!

Pon a prueba a tu profe

Todo lo que necesitas es una bolsa vacía de patatas fritas y ese valor que muchas veces se confunde con la temeridad. Acércate sin hacer ruido a tu profe por detrás a la hora del recreo y revienta la bolsa. Cuando la profe se haya recuperado, pregúntale con una sonrisa:

Respuesta: Con suerte, la profe dirá «Sí» un poco enfadada. En tal caso, podrás responder: «No estoy seguro de que esto sea correcto, porque el sonido es una onda de átomos oscilantes que se transmite por el aire. Y es indudable que en el espacio no hay aire». Esto es cierto. El Big Bang no hizo ruido alguno, ni siquiera un crujido apagado.

¡ATENCIÓN: PELIGRO PARA LA SALUD!

Si se te ocurre gastar esta broma, no quiero saber nada de ello. Es responsabilidad tuya, ¿de acuerdo?

Tremendos telescopios

Desde los días de Hubble la potencia de los telescopios ha aumentado. Hoy, los telescopios más grandes del mundo son los telescopios Keck, de Mauna Kea, Hawai. Cada telescopio recoge la luz de espejos gigantes de 10 metros de ancho. Incluso hay un telescopio en el espacio: el telescopio espacial Hubble que fue lanzado en 1990 (no es difícil adivinar a quién debe el nombre). Por si esto fuera poco, en la década de 1930, los astrónomos tuvieron una nueva clase de telescopio.

En 1932 el ingeniero de radio estadounidense Karl Jansky (1905-1950) descubrió que las señales de radio provenían de las estrellas e interferían con su receptor de radio (no me refiero a estrellas del pop extraterrestre, sino que se trataba de ondas radioeléctricas que emiten de forma natural las estrellas, del mismo modo que emiten luz.) Los científicos no tardaron en construir potentes receptores de radio que captaban las ondas radioeléctricas. En 1967, un radiotelescopio permitió a la estudiante de física Jocelyn Bell detectar por primera vez un púlsar, una clase de estrella que emite enormes cantidades de ondas radiolécticas en pulsos regulares.

Sondas espaciales y planetas

Desde la década de 1960, los científicos envían sondas espaciales para fotografiar otros planetas. En 1976, por ejemplo, unas sondas llegaron a aterrizar en Marte y otras lo hicieron en 1998. En 1969, el hombre puso por primera vez los pies en la Luna.

Hoy en día, los científicos saben muchas más cosas acerca de los planetas vecinos y, en la década de 1990, incluso empezaron a descubrir otros planetas que rodean astros distantes, del mismo modo que los planetas del sistema solar giran alrededor del Sol. Galileo se habría quedado de piedra. Pero esto no es todo.

En la década de 1970, los astrónomos descubrieron los agujeros negros, que son estrellas que se han extinguido y que luego se derrumban sobre sí mismas bajo el peso de su propia gravedad. Esta gravedad es tan fuerte que ni siquiera la luz puede huir de ellas. Pese a que los astrónomos no pueden ver los agujeros negros, sí detectaron los rayos X emitidos por el gas absorbido en el agujero.

Un agujero negro es como un desagüe inmenso en el espacio. La gravedad es tan fuerte que atrae a todo lo que se acerque por sus alrededores.

La gravedad es tan fuerte que la diferencia entre la fuerza que actúa sobre la parte anterior del cohete y la posterior lo dilata hasta partirlo en dos.

Algunos de los trabajos más interesantes sobre los agujeros negros fueron realizados por el científico británico Stephen Hawking. En 1971, por medio de las matemáticas, dedujo que en las primeras fases de la Gran Explosión (el *Big Bang*) habría diminutos agujeros negros. En 1974, de nuevo por medio de las matemáticas, descubrió que los agujeros negros pueden perder calor. Por aquel entonces, seguro que ya había entrado en calor, ja, ja, ja.

¡A que no lo sabías!

Hawking es un discapacitado. Padece una degeneración muscular y tiene que ir en silla de ruedas. Después de sufrir otra enfermedad, los cirujanos tuvieron que extirparle las cuerdas vocales y ahora no puede hablar. En su lugar, escribe palabras a través de un teclado de ordenador y éstas aparecen en la pantalla o se oyen a través de un aparato llamado sintetizador, que convierte el código del ordenador en sonidos. Pese a todo, Hawking es famoso en todo el mundo, vende muchos libros e incluso ha intervenido en un vídeo pop y en un episodio de Star Trek.

¿Qué te parece? ¿Te gustaría ser científico y trabajar en la investigación astronómica, como Hubble o Hawking? O ¿tal vez no? Mientras te lo piensas, te aconsejo que leas el siguiente capítulo. Trata de una ciencia totalmente distinta y de una pandilla de sufridos científicos.

CUARTA PARTE

LOS SUFRIDOS QUÍMICOS

ESOS HORRENDOS ALQUIMISTAS

La familia Sílex estaba tan contenta con las distintas sustancias que iban descubriendo a su alrededor, como niños con zapatos nuevos. Eran materiales como la tierra y las rocas pigmentadas que utilizaban para fabricar los colores para sus pinturas rupestres. Aquél fue el descubrimiento más importante de aquellos tiempos. La señora Sílex incluso mandó hacer un catálogo.

Encontraron estos colores por el sistema de ensayo y error, pero si piensas que para el hombre primitivo era fácil aprender a investigar las sustancias químicas de una forma más científica, te equivocas. Porque entonces la química todavía no se había inventado (ni siquiera Aristóteles la conoció). En su lugar existía una extraña y misteriosa «ciencia».

El nacimiento de la alquimia

Los alquimistas pretendían transformar los vulgares metales de poca calidad, como el aburrido plomo, en oro, ese esplendoroso, brillante y luminoso metal. Efectivamente, al hombre no le movía la curiosidad científica, sino, como siempre, la ambición.

Cuenta el aburrido historiador...

¿Una pérdida de tiempo?

Los alquimistas dedicaron la mayor parte de su tiempo a calentar y mezclar sustancias para buscar la fórmula mágica que les permitiera hacer oro. En realidad, en aquellos tiempos era mucho más probable que el maestro de alquimia farfullara conjuros mágicos que no que enseñara experimentos. ¿Te parece más divertido? ¿Perdían el tiempo? Pues sí, la alquimia era una pérdida de tiempo mayor que las clases de física y química de ahora.

Cuenta la aburrida científica...

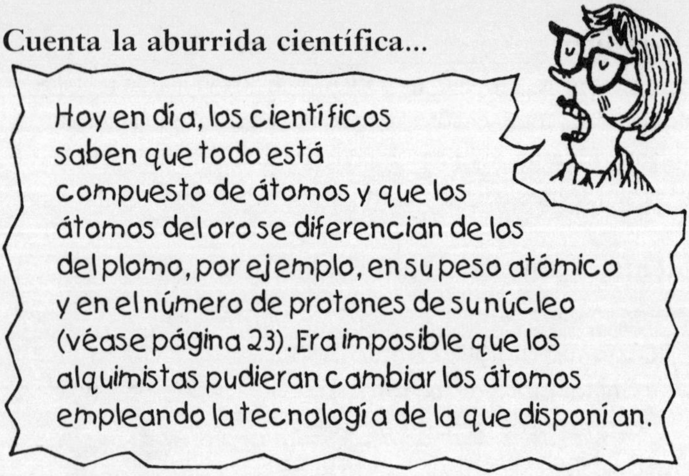

Alquimia: buena noticia

Si bien el objetivo principal de la alquimia era tan absurdo como una bici sin ruedas, los alquimistas realizaron muchos descubrimientos interesantes. Por ejemplo, el alquimista árabe Jabir (721-815) descubrió que, hirviendo el vinagre, se obtenía un ácido muy fuerte llamado ácido acético. Pero su mayor descubrimiento fue el modo de obtener otra sustancia química, el amoníaco, hirviendo orina o, en palabras más vulgares, el pipí. Los alquimistas también conocían el modo de secar las sustancias químicas hasta formar cristales. Además conocían la destilación.

Esas penosas expresiones

¿Desti... qué?

Respuesta: La destilación es una técnica empleada en la química para separar los elementos químicos de un líquido. No hay más que llevar el líquido al punto de ebullición y desviar el gas que se desprende en el proceso hacia un recipiente para que se enfríe y se convierta de nuevo en líquido. Dado que cada elemento químico se convierte en gas a temperaturas diferentes, las sustancias químicas se evaporarán una a una a medida que la mezcla se calienta. Así que algunas pasarán al recipiente y otras se quedarán en el fondo del líquido en ebullición formando un repugnante sedimento.

Los alquimistas, como María la Judía, que vivió en Alejandría en el siglo I d.C., inventaron instrumentos que utilizaron científicos posteriores. María inventó el «baño María» con el que se hervían las sustancias químicas suave y lentamente y un recipiente para destilar las sustancias químicas: el alambique.

Alquimia: mala noticia

Puesto que los alquimistas erraban el tiro, algunos se sintieron tentados a hacer trampa. Fueron unos impostores.

Sin embargo, en el siglo XIV apareció una alquimia que podríamos llamar Europea (falsamente atribuida a las obras de Ramón Llull) que insistía en la búsqueda de la «quinta esencia», lo que llevó a mejorar los procedimientos de destilación y condujo al descubrimiento de los alcoholes, esencias de plantas y bebidas medicinales como el licor benedictino, inventado en 1510 por un fraile.

Los científicos tardaron muchos años en demostrar que la alquimia no funcionaba. Pero, mientras, en 1661, inspirado por los escritos de Bacon, un químico enfermizo de origen irlandés llamado Robert Boyle (1627-1691) escribió un libro en el que planteaba (aunque sin demostrar, todavía) una nueva teoría sobre las sustancias químicas.

Ficha de datos

NOMBRE: Elementos y compuestos

DATOS BÁSICOS: 1 Boyle sugirió (con razón) que existen unos componentes químicos básicos que no se pueden dividir en ninguna otra partícula. Son los llamados elementos y cada elemento está formado por una sola clase de «átomos».

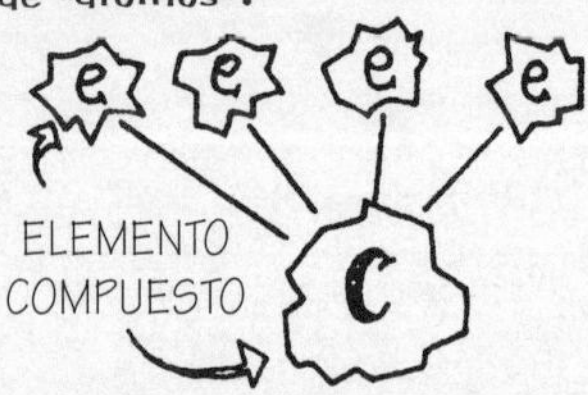

2 Hay otras sustancias químicas más complejas constituidas por una combinación de elementos, a las que Boyle llamó «compuestos», y su partícula más diminuta recibe el nombre de «molécula».

DETALLES QUE DEBES SABER: Boyle seguía creyendo en la alquimia. Creía que el oro era un compuesto y que no había más que mezclar los elementos correctos para obtener el precioso mineral.

Por lo menos, Boyle animó a los científicos a combinar los elementos químicos de una forma más científica y, al hacerlo, fundó una nueva rama de la ciencia: la química. Seguro que no sabías que uno de los más grandes de los primeros químicos se escondió del mundo durante 60 años.

Lo encontrarás en el siguiente capítulo.

Científicos excéntricos

¿Conoces a algún científico excéntrico? ¿Qué me dices de tus profes de física y de química? ¿Tienen alguna costumbre peculiar? ¿Quizás hacen chasquear los nudillos de las manos o se pasean en los carritos del laboratorio o, absortos en sus pensamientos, se dan de bruces contra las farolas?

¿Encajan con la imagen popular de un científico despistado? Si decides ser científico, ¿serás así?

A continuación te ofrecemos algunos consejos prácticos.

Consejo 1

Paséate en bici por los corredores de la escuela.

Nota importante:

Si te atrapan y te expulsan, nosotros no tendremos la culpa, ¿queda claro?

El científico británico Edgar Adrian (1889-1977): sí, el tipo que disfrutaba conduciendo como un loco, lo hacía en su laboratorio de Cambridge. Pero también descubrió que las señales nerviosas se refuerzan cuánto más excitado esté el nervio y ganó un Premio Nobel en 1932, por lo que se le perdonó que fuese un poco alocado.

Consejo 2

Come cosas horribles en nombre de la ciencia.

Sí, ya sé que comes en la escuela, pero esto es todavía peor. En una ocasión alguien enseñó a William Buckland (1784-1856), un geólogo británico (científico que estudió las rocas), el corazón embalsamado del rey francés Luis XVI. Buckland, famoso por haber descubierto que las rocas son el resultado de la superposición de capas a lo largo de los tiempos, tenía hambre. Exclamó: «¡Nunca he probado el corazón de un rey!» y se puso a masticar la macabra reliquia.

Consejo 3

Ve a la escuela vestido con ropa rara.

El científico escocés William Murdock (1754-1839), que halló la forma de hacer gas con carbón, se presentaba a las entrevistas laborales luciendo un sombrero de copa de madera casero. Naturalmente, si los maestros no se dan cuenta de que eres un genio, es probable que te hagan ir a casa con una nota insultante para tus padres.

El raro de Cavendish

Cavendish no salía nunca de su laboratorio secreto. Así podrían haber sido sus notas:

Notas de laboratorio de Henry Cavendish

CRIADOS Y PERSONAS AJENAS, MANTÉNGASE ALEJADAS

¡PROHIBIDO ENTRAR!

Trabajando solo, he descubierto un grupo entero de gases nuevos. En 1766, añadí ácido al mármol. se desprendió un gas que llamé «aire fijo».

Cuenta el aburrido científico...
Es el gas que conocemos hoy como «dióxido de carbono». Sirve para fabricar las burbujas de las bebidas efervescentes y de ciertos extintores de fuego.

Luego decidí verter ácido en el hierro. Esta vez se desprendió otro gas. Parecía más ligero que el aire y ardía con facilidad, por lo que lo llamé «aire inflamable». Creo que el aire que nos rodea contiene aire inflamable.

Cuenta el aburrido científico...
Perdonen de nuevo la interrupción. Este gas ahora se llama hidrógeno. Efectivamente, se encuentra en el aire y en los astros como el Sol. Se añade a la margarina que extendemos en las tostadas, para que los aceites que contiene sean más sólidos, como los de la mantequilla. También se utiliza como combustible para enviar cohetes a la Luna.

1784 – Se me ha ocurrido un nuevo experimento con el «aire inflamable».

Primero he buscado una vejiga de cerdo (¡Ag! He tenido que dejar una nota a uno de los criados para que me la lavara. No tenía la intención de HABLAR con él, claro está).

Luego la he puesto en un recipiente de cristal resistente y he llenado la vejiga con dos partes de «aire inflamable» y una parte de oxígeno (el oxígeno es otro gas presente en el aire). Luego he acercado una vela encendida a la abertura de la vejiga y me HE PUESTO A CUBIERTO.

¡Oh, no! ¡Oigo pasos! ¡Alguien se está acercando!

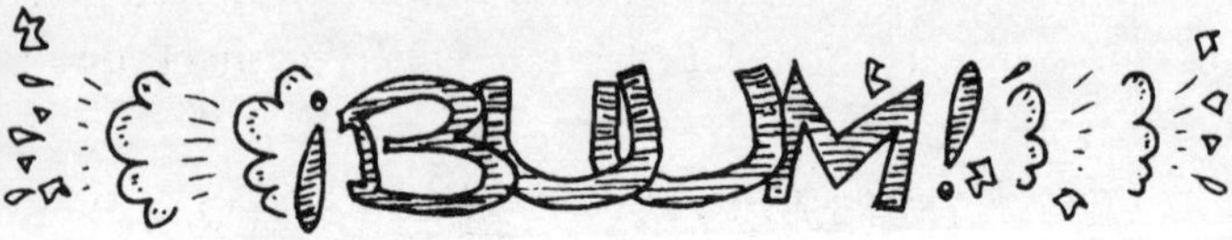

¡Menos mal! No era más que una criada, que ha huido al oír la explosión. El gas ha explotado debido a la llama. La vejiga ha quedado hecha añicos y el interior del recipiente de cristal ha quedado empañado. ¿A qué se debe la humedad? ¿Es orina? ¡Creía que habían lavado la vejiga! Será mejor que lo pruebe, para averiguarlo. Srrrup, ñam... ¡Es agua! Esto demuestra que el agua se compone de dos partes de «aire inflamable» y una de oxígeno.

Cuenta el aburrido científico...
Vuelvo a interrumpir para decir que Cavendish de nuevo tuvo razón. El agua, efectivamente, se compone de dos átomos de hidrógeno y uno de oxígeno.

Descubre cómo se hace el dióxido de carbono

Necesitarás:

Medio vaso de zumo de naranja natural.

Una cucharada de postre rasa de bicarbonato sódico.

Cómo debes hacerlo:

Añadir el bicarbonato sódico al zumo y remover bien.

¿Qué observas?

a) El zumo se vuelve verde.

b) El zumo empieza a burbujear.

c) El zumo está caliente al tacto.

Respuesta: b) Las burbujas son el resultado de una reacción química entre el ácido del zumo y el bicarbonato sódico. Si añades agua, azúcar y hielo al zumo, podrás saborear un refresco gaseoso hecho en casa. ¿Quién ha dicho que la química es horrible?

Cavendish era tan tímido que no habló a nadie de sus descubrimientos. Salieron a la luz 100 años más tarde, cuando otro científico, James Clerk Maxwell (1831-1879), encontró el cuaderno de notas de Cavendish. Por entonces, otros científicos habían hecho los mismos descubrimientos y se habían llevado la gloria. Esto es lo que también le sucedió al científico del capítulo siguiente, pero a diferencia de Cavendish, no se hizo famoso porque no tuvo suerte y no porque fuese tímido. Fue el científico con más mala suerte de todos los tiempos.

Así que agarra una caja de pañuelos y sigue leyendo.

EL SUFRIDO SCHEELE

Sin duda alguna, Karl Scheele (1742-1786) fue uno de los químicos más importantes del mundo. Sin embargo, no fue valorado hasta que murió, lo cual no le sirvió de mucho al pobre y sufrido Scheele.

Ésta fue su vida

Cuadro de honor: Karl Scheele
(1742-1786) Nacionalidad: sueca

A diferencia de muchos científicos de este libro, Karl Scheele no fue un profesor de universidad que disfrutase de un trabajo cómodo. Pasó gran parte de su vida siendo un humilde ayudante de farmacéutico. Esto significaba que tenía que pasarse todo el día mezclando sustancias químicas para hacer medicinas. En sus pocos ratos libres, se dedicaba a la química, su única afición.

Brillantes descubrimientos

Scheele hizo una serie de brillantes descubrimientos entre las décadas de 1770 y 1780, lo cual fue algo increíble porque tenía que trabajar en unas habitaciones frías y hediondas a altas horas de la madrugada. Sin embargo, descubrió cinco elementos (distintas clases de átomos, ¿te acuerdas?).

Los descubrimientos de Scheele y su uso moderno

Para que esta sección resulte más interesante, hemos incluido un elemento que no existe en la lista de los descubrimientos de Scheele. ¿Sabes cuál es?

1 CLORO Uso: da al agua de las piscinas un olor penetrante (y al agua de muchos grifos). Se añade este elemento al agua para matar los gérmenes. También se añade al agua potable por la misma razón.

2 BARIO Uso: Metal que se administra a algunos pacientes sometidos a los rayos X. Los pacientes tienen que comer una sustancia de gusto horripilante que contiene bario y que en las radiografías pone de relieve las obstrucciones en los intestinos.

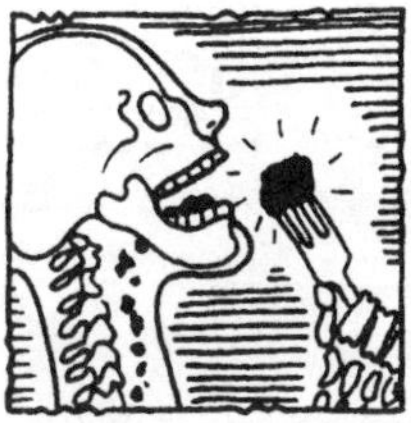

3 MIMBLERINA

Uso: potente sustancia que elimina gérmenes. Se suele utilizar para desatascar, en especial las cloacas hediondas.

4 MANGANESO

Uso: Se añade al acero o al aluminio para que sean más fuertes. Es posible que el coche de tus padres lo contenga.

5 MOLIBDENO Uso: Se encuentra en algunos lubricantes. Es el nombre técnico que recibe el aceite que aplicas a la cadena de tu bici para que deje de chirriar.

6 NITRÓGENO Uso: Cuando está licuado, es muy frío y se utiliza para conservar congelados los cadáveres. Hay personas que pagan para que sus cuerpos sean conservados de esta forma, con la esperanza de que en el futuro puedan volver a la vida y ser curados. Además está presente en algunos explosivos y tintes.

Respuesta: 3

Más hallazgos

También descubrió el verde de Scheele, una clase de tinte verde compuesto en parte de cobre y del tóxico arsénico. Además descubrió el modo de extraer el fósforo de los huesos de los animales, un elemento muy útil para los fertilizantes. Hasta entonces, solamente lo habían detectado en la orina humana.

EL DESDICHADO LAVOISIER

Tal vez sea cierto que Antoine Lavoisier robara a Scheele el descubrimiento del oxígeno, pero, pese a todo, está considerado como un gran científico y, al parecer, la mayor parte de su vida fue bastante afortunado. Fue rico, feliz y tuvo éxito hasta que las cosas se pusieron feas.

Muy feas.

Cuadro de honor: Antoine Lavoisier (1743-1794) Nacionalidad: francesa

El padre de Antoine fue un rico abogado de París y el joven Antoine recibió una excelente educación en derecho (así lo quiso su padre) y en ciencia (lo que a Antoine realmente le gustaba). También fue miembro de la Real Academia Francesa de Ciencias y trabajó en aburridos proyectos, como un informe sobre el abastecimiento de agua de París. ¡Sería tan aburrido como un día de lluvia!

Esa química creativa

- En 1772, descubrió que todos los elementos químicos podían presentarse en forma de gas, líquido o sólido, según la temperatura que tuviesen. Pongamos por ejemplo el agua:

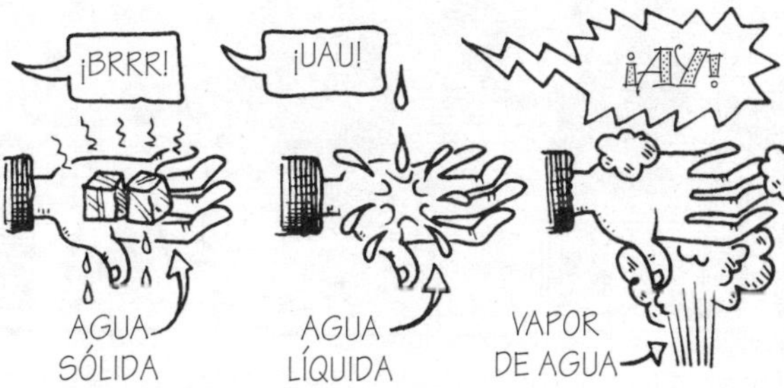

- En la década de 1770, Lavoisier descubrió que el oxígeno interviene en el proceso de combustión de cualquier cosa y en la corrosión de los metales. Los químicos llaman a la reacción química que se produce *oxidación*.
- También demostró que el agua se compone de oxígeno e hidrógeno. (Cavendish ya lo había demostrado, pero no lo había dado a conocer.)
- Más importante todavía, Lavoisier siempre pesaba con exactitud las sustancias químicas que utilizaba y tomaba precisas anotaciones de sus experimentos.

Los químicos del pasado no siempre lo habían hecho y esto dificultó a los químicos posteriores comprobar si aquel interesante líquido pardo era el resultado de una nueva reacción química o simplemente el resultado de un error garrafal.

Los temidos recaudadores de impuestos

En 1768, Lavoisier se hizo recaudador de impuestos para una empresa privada. Pese a que la empresa estaba bien dirigida, los recaudadores no eran populares. No es una buena forma de hacer amigos y, cuando en Francia estalló la Revolución, los recaudadores fueron falsamente acusados de robar fondos públicos. En 1793, Lavoisier fue detenido y encarcelado.

Pon a prueba a tu profe

¿De qué otras cosas fue acusado Lavoisier?

a) Forzar a los niños a trabajar como esclavos.

b) Añadir sustancias químicas peligrosas al tabaco para que la gente enfermara.

c) Utilizar la bandera francesa como pañuelo cuando estaba resfriado.

Respuesta: b) No había ni un átomo de prueba para esta acusación, como hubiera dicho Lavoisier, pero en 1793 en Francia se ejecutaba a la gente sin prueba alguna.

El 8 de mayo, Lavoisier fue sentenciado a muerte por el tribunal revolucionario. Aquella misma tarde, el científico y otros 20 recaudadores de impuestos fueron obligados a subirse a carretas que recorrieron las calles de París. Luego tuvieron que formar una fila ordenada y uno a uno fueron atados a un poste y la afilada hoja de la guillotina los decapitó. Hasta el último momento, Lavoisier mostró coraje y serenidad, ofreciendo palabras reconfortantes a sus amigos.

Dos años más tarde el cuerpo de Lavoisier fue exhumado de su tumba anónima para ofrecerle un entierro como Dios manda. Fourcroy, científico que se había negado a defenderle ante el Estado, hizo un discurso demagógico:

Pero Marie-Anne, la esposa de Lavoisier, se negó a dirigirle la palabra. Nunca perdonó a Fourcroy y a los otros científicos el no haber luchado por salvar la vida de su marido. Mientras, en el campo de la química, a cuyo desarrollo tanto había contribuido Lavoisier, se siguieron realizando emocionantes descubrimientos, tal como verás en el capítulo siguiente.

QUÍMICOS MODERNOS

Si Lavoisier levantara la cabeza y echara un vistazo a un laboratorio de química moderno, se quedaría maravillado (pero no tan asombrado como se quedarían los químicos modernos al ver a Lavoisier, en especial si éste hubiese olvidado volver a colocarse la cabeza sobre los hombros).

En un laboratorio moderno, los robots realizan las tareas pesadas, como remover durante horas los productos químicos. Las sustancias pueden calentarse con precisión utilizando fogones eléctricos, parecidos a los de las cocinas, pero controlados con más sensibilidad.

Desde Lavoisier, los mayores logros químicos se han realizado en dos campos: el estudio de los elementos y las combinaciones entre ellos para obtener útiles productos químicos.

Ordenando los elementos

Hacia 1869, los químicos habían encontrado muchos más elementos y la cosa empezaba a liarse. El científico ruso Dmitri Mendeleyev (1834-1907) descubrió que se podían agrupar los elementos según su peso y número atómico, y su facilidad para combinarse con otros elementos. La tabla que Mendeleyev creó se conoce como la tabla periódica. Cuando Mendeleyev tenía que dejar un hueco en la tabla decía que los elementos que tenían que ocuparlo todavía no se habían descubierto. Y tenía razón, al cabo de pocos años se hallaron los elementos que faltaban.

A medida que los científicos iban sabiendo más cosas de los átomos, en la década de 1920 (véase página 23), se dieron cuenta de que, para combinarse entre sí, los elementos necesitaban completar el número de electrones de las capas más externas de los átomos. Para conseguirlo, los átomos compartían o intercambiaban electrones y se unían entre ellos.

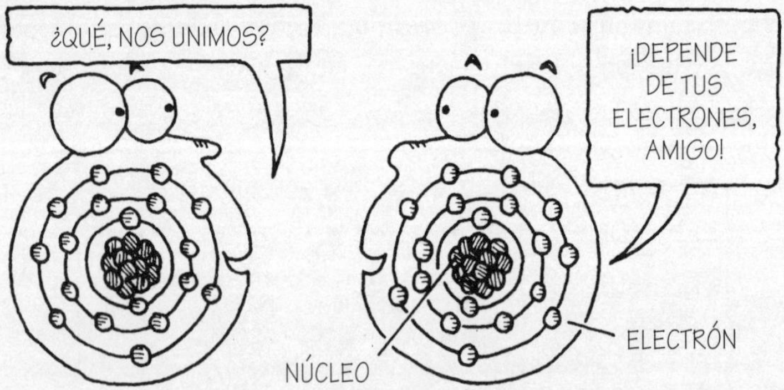

Sabiendo esto, los químicos pueden mezclar elementos y prever sus enlaces. Los químicos modernos han obtenido un montón de sustancias nuevas como los plásticos, incluso fibras artificiales como el nilón o el teflón que impide que los restos de la tortilla que tu padre ha intentado hacer se peguen a la sartén.

Los químicos también han investigado mucho en biología. Por ejemplo, en la década de 1940, el químico estadounidense Linus Pauling, un experto en el funcionamiento de los elementos químicos al nivel atómico, descubrió la estructura de las proteínas. Las proteínas son elementos químicos compuestos de miles de átomos que se hallan en los seres vivos y en los alimentos que proceden de seres vivos, como la leche y el queso. Las proteínas del cuerpo realizan funciones vitales, como la formación de los músculos, o son partes integrantes de unas sustancias químicas llamadas enzimas, que contribuyen a la digestión de los alimentos. Pauling animó a muchos otros químicos a indagar en este campo y así nació una nueva ciencia conocida con el nombre de bioquímica.

Y hablando de biología, a continuación vas a enterarte de las desgracias de los sufridos biólogos.

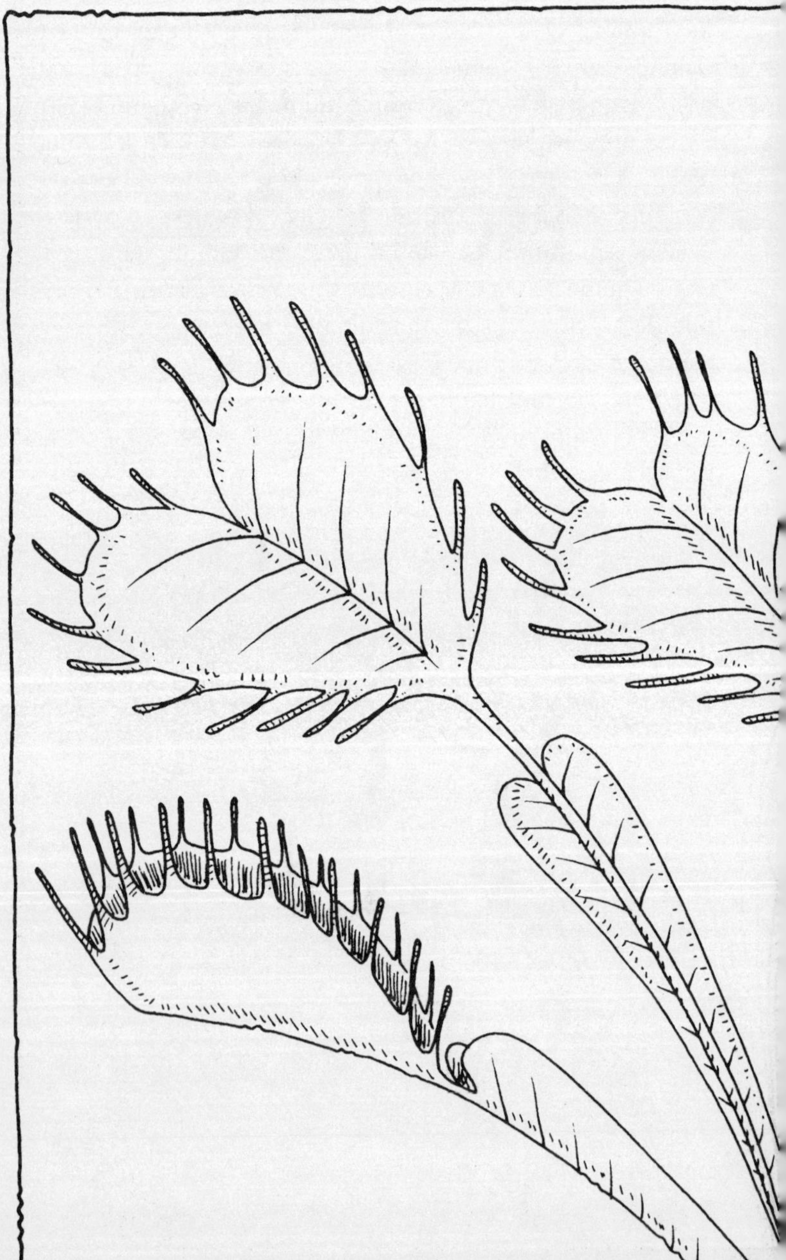

QUINTA PARTE

LOS SUFRIDOS BIÓLOGOS

APRENDIENDO DE LA NATURALEZA

¿Todavía no tienes claro que quieras ser científico? Bueno, no tienes que tomar una decisión ahora mismo. Si te gusta la naturaleza o si te fascina esa increíble máquina viva que es el cuerpo humano, tal vez quieras ser biólogo. Si éste es tu caso, permíteme hacerte una advertencia: los biólogos del pasado sufrieron tanto como los otros científicos.

Nuestros amigos de la Edad de Piedra, los Sílex, sentían curiosidad por el mundo vegetal y animal por un motivo: no es que les interesara la biología, sino que querían comer y, por eso, conocían muy bien a los animales que cazaban.

Y probando, probando, no tardaron en averiguar lo que era comestible y lo que no.

Dado que hay plantas y animales venenosos, con toda seguridad los hombres primitivos cometieron errores fatales.

Como sabes, Aristóteles fue el primero en utilizar un nuevo método de estudio de la naturaleza a través de la observación. (Si no lo recuerdas, repasa la página 30). Pero aunque parezca raro, las sabias ideas de Aristóteles no fueron adoptadas hasta el siglo XVII.

Cuenta el aburrido historiador:

No existe una explicación simple para esto. No se viajaba tanto; por lo tanto, la gente no conocía muchas plantas y animales de otras zonas, en cambio sí conocían los de su región.

Pero pronto cambiarían las cosas. En el siglo XVI, los europeos empezaron a explorar el mundo. Vieron especies raras de plantas y animales y se las llevaron a sus países para estudiarlos. Nacía una nueva ciencia: la biología.

¡A que no lo sabías!

Algunas de las cosas más raras que los biólogos tenían que dibujar eran las que veían por el microscopio. Este instrumento fue inventado hacia 1590, pero las lentes y el aumento fueron perfeccionados por el científico holandés Anton van Leeuwenhoek (1632-1723). En 1676, estaba observando unos restos de comida descompuesta de sus dientes, cuando vio unos bichitos diminutos que se movían. Son esos gérmenes vivos tan diminutos que llamamos bacterias.

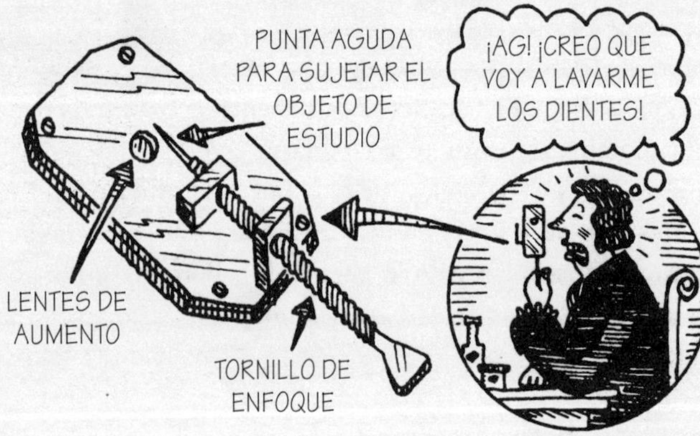

Pero las bacterias esconden un secreto mortal, un secreto que no fue revelado hasta el siglo XIX. Los autores de este hallazgo fundamental fueron una brillante pareja de franceses.

UNA PODEROSA ALIANZA

Marie y Louis Pasteur eran una pareja de científicos. Si bien es normalmente Louis quien se lleva la palma, Marie, su esposa, fue una ayuda fundamental para su trabajo, y juntos investigaron los gérmenes causantes de enfermedades.

Cuadro de honor: Louis Pasteur

(1822-1895) Nacionalidad: francesa

De joven, Pasteur no fue un alumno brillante, pero cuando estudiaba en París para ser profesor de ciencias, destacó en química y, al cabo de poco tiempo, hizo un gran descubrimiento.

Pon a prueba a tu profe

Un día Pasteur salió del laboratorio corriendo y gritando:

¿Qué había descubierto?

a) Un calcetín que había perdido hacía un mes.

b) Que la estructura de ciertas sustancias químicas se presenta en dos formas que son el reflejo una de otra.

c) Un germen hasta entonces desconocido causante de las verrugas.

Respuesta: b) Esto dio origen a una nueva rama de las ciencias, en la que se emplea la luz reflejada por las sustancias químicas para estudiar su estructura atómica.

Las guerras de los gérmenes

Para Pasteur, aquello no fue más que el comienzo. Ocupó varios puestos como profesor de ciencias en las universidades francesas y durante su vida:

- Elaboró una teoría según la cual las bacterias que llamamos gérmenes causan enfermedades. Antes, los médicos creían que las enfermedades eran provocadas por los malos olores.

  De hecho, si tienes que soportar el hedor del retrete atascado de la escuela, te entran algunas náuseas, ¿verdad?

- Encontró el modo de conservar el vino, calentándolo para eliminar los gérmenes. Este proceso lo llamamos ahora pasteurización, e impide que la leche del desayuno se agrie, ¡aunque no puede hacer nada contra los temperamentos agrios!
- Identificó los gérmenes causantes de muchas enfermedades, como el ántrax (una enfermedad muy grave) y una afección de las aves de corral llamada cólera de las gallinas.
- Halló el modo de debilitar los gérmenes, calentándolos hasta dañarlos para retrasar su proceso de multiplicación y poderlos inyectar a las personas. Los gérmenes debilitados alentaban al cuerpo de la persona a producir sus propias defensas contra la enfermedad. (A esto se le llama vacunación.) En 1885, Pasteur salvó a un joven llamado Joseph Meistner inyectándole una vacuna contra la enfermedad mortal de la rabia. El muchacho había sido mordido por un perro rabioso.

¡A que no lo sabías!

Louis y Marie Pasteur se casaron en 1849, poco tiempo después de que él dijera al padre de Marie, el decano de una universidad, que solamente podía ofrecerle su trabajo. Marie no se desanimó. Escribió cartas por su esposo y le ayudó en sus experimentos. Pero en una ocasión dijo a sus hijos:

Añadió que siempre había sido así.

Un error garrafal

Louis y Marie Pasteur eran muy exigentes en su trabajo y cometieron muy pocos errores graves, pero en un experimento, Louis se perdió una gran oportunidad. Así podrían haber sido sus notas:

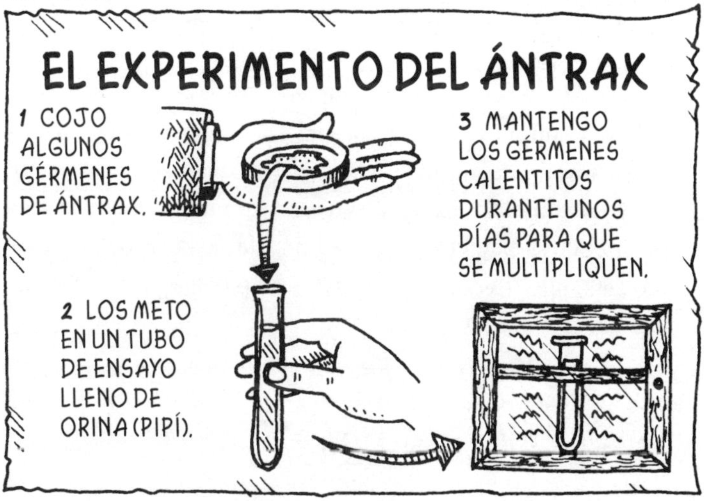

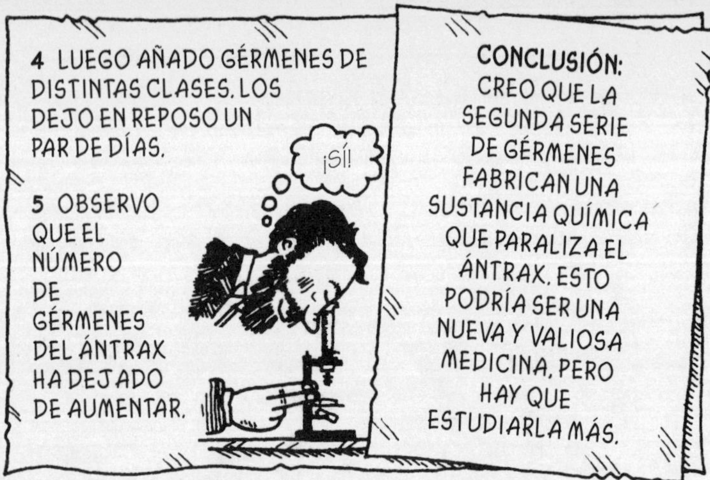

Los Pasteur no tuvieron tiempo de estudiarla más a fondo, pero hoy en día existe un tipo de medicamentos llamados antibióticos, que están hechos de sustancias químicas producidas por hongos. Estos antibióticos matan a los gérmenes como el ántrax. El primer antibiótico, la penicilina, fue descubierto en 1928 por el científicos escocés Alexander Fleming (1881-1955).

A la edad de 45 años, Louis Pasteur sufrió un ataque de apoplejía. La embolia cerebral paralizó el lado izquierdo de su cuerpo. Pese a su discapacidad, siguió trabajando y ayudando a Marie y a sus colaboradores. Pero no es de extrañar que su temperamento se agriara. En 1887, sufrió otro ataque que terminó con su carrera científica.

Entretanto, mientras unos biólogos investigaban más detenidamente el mundo de las diminutas bacterias, otros científicos especulaban sobre el origen de la vida –no solamente los objetos diminutos, sino todos los seres vivos– y el modo en que la vida evolucionó en el planeta Tierra. El más famoso de ellos fue un inglés reservado que tenía un grave problema de vientre.

EL INDECISO DARWIN

En 1831, Charles Darwin inició una travesía en barco alrededor del mundo que cambiaría la historia de la ciencia. Eso es lo que te contarán todos los viejos y aburridos libros de historia, pero probablemente no te dirán que el capitán del *Beagle*, Robert Fitzroy (1805-1865), tenía sus dudas acerca del científico. Fitzroy, que creía que las características físicas de una persona decían mucho de su carácter, afirmaba:

Pero sobrevivió a ella, y vaya si tenía carácter, como vas a comprobar en seguida.

Cuadro de honor: Charles Darwin
(1809-1882) Nacionalidad: británica

Cuando era un muchacho, a Darwin le gustaba gastar bromas. En una ocasión y a escondidas, cogió varias manzanas de un manzano del huerto e intentó engañar a su padre diciéndole que había encontrado un almacén de manzanas «robadas». A sus padres no les hizo ni pizca de gracia y lo enviaron a una escuela. Los maestros de Darwin tampoco le tenían en gran estima.

Un maestro dijo:

Cuando se hizo mayor, Darwin no sabía qué quería hacer en la vida. Primero fue a Edimburgo a estudiar medicina, pero le afectó mucho ver cómo, entre gritos, los pacientes eran sujetados para que los cirujanos les practicaran sangrientas operaciones sin administrarles calmantes.

Así que Darwin se preparó para ser cura. (En aquella época muchos jóvenes hacían la carrera eclesiástica.) Pero el joven Charles se aburría en las clases y pasaba la mayor parte del tiempo coleccionando escarabajos y mariposas hasta que un amigo suyo le habló de la travesía del *Beagle*.

Pon a prueba a tu profe

1 ¿Qué enfermedades padeció Darwin durante la travesía?

a) Mareos

b) Morriña

c) Paperas

2 ¿Cómo atrapaba Darwin los animales que estudiaba?

a) Ponía cola en el suelo y los bichos se quedaban pegados.

b) Construía trampas sencillas con ramas y cuerda.
c) Los mataba con un rifle.

Respuesta: 1a) Darwin vomitó durante meses, lo que resultaría muy poco agradable para Fitzroy, que tenía que compartir el camarote con él. (Puedes dar medio punto a tu profe si eligió morriña, porque Darwin echaba de menos su casa, pero tienes que recordarle con buenas palabras que esto no se considera una enfermedad.)
2c) A Darwin le encantaban las aves y los animalitos peludos. Pero también le gustaba dispararles.

Una idea evolutiva

El 99,9% de los profesores de ciencias te dirán que, durante la travesía, Darwin empezó a pensar en cómo una especie (clase de animal) cambia con el paso del tiempo. Esta idea se conoce con el nombre de evolución.

Ficha de datos

NOMBRE: Evolución

DATOS BÁSICOS: Darwin tardó 20 años en desarrollar la teoría de la evolución. Según ésta, en millones de años, la forma de las plantas y de los animales cambia en su lucha por la supervivencia. Así es cómo funciona:

Algunos conejos, cuyas orejas eran más grandes, oían mejor los pasos furtivos de los zorros y huían.

Los conejos de orejas más grandes sobrevivieron y tuvieron conejitos que también tenían las orejas grandes.

Al final, todos los conejos tuvieron orejas grandes.

DETALLES QUE DEBES SABER:

Un famoso ejemplo actual de la evolución son las tortugas de las islas Galápagos, que están en el océano Pacífico.

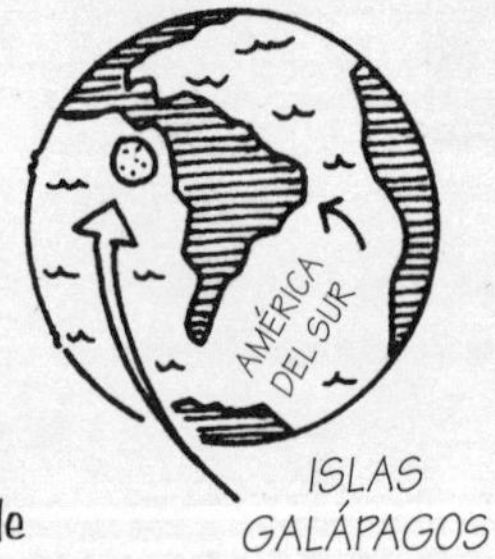

En cada isla hay un tipo de tortuga cuyo caparazón evolucionó de forma un poco distinta. Pero Darwin no estudió las tortugas, le encantaba comérselas en forma de sopa. ¿Serías capaz de hacerle esto a tu tortuguita?

Unos caparazones han evolucionado para que la tortuga pueda alimentarse de las plantas más altas.

Otros caparazones han evolucionado para que la tortuga se alimente de las plantas del suelo.

Las dudas de Darwin

Darwin no estaba seguro de si debía dar a conocer su teoría de la evolución, porque era muy revolucionaria y estuvo a punto de hacerlo tarde. En junio de 1858, el cartero le entregó una carta que le arruinó el día. Era un artículo escrito por Alfred Russel Wallace (1853-1913) en el que proponía la misma idea.

Así que la teoría fue presentada en un congreso de científicos como un descubrimiento conjunto, aunque Darwin fue el primero en elaborarla.

Encendidas discusiones

Durante casi toda su vida, Darwin sufrió una misteriosa enfermedad. Los médicos modernos no están seguros de cuál era, pero entre otros síntomas sufría vómitos todas las mañanas (Darwin ya estaría acostumbrado, después de los de la travesía por mar) y embarazosos ataques de flatulencias. Por este motivo, Darwin evitaba las discusiones públicas que su teoría provocaba.

Si sigues leyendo, te enterarás del gran revuelo que armó esta teoría.

Muchos pensaban que las ideas de Darwin eran un ataque a la interpretación de la Biblia de que Dios creó todos los animales. Peor aún, los defensores de Darwin aseguraban que era posible que los humanos fueran descendientes de los simios. En 1860, se celebró un famoso debate en Oxford. Acudieron 700 personas. Era tal la expectación que una dama se desmayó.

El obispo de Oxford pronunció un discurso en el que atacó a Darwin y pidió a un amigo del científico, Thomas Huxley, (1825-1895), qué demostrara que descendía de un simio.

¿Qué habrías respondido TÚ?

a) Por lo menos no tengo aspecto de simio, no como tú, cara de gorila.

b) Creo que todos descendemos de seres simiescos, pero la evolución dura millones de años.

c) Preferiría ser descendiente de un simio que de alguien como vos: un tipo inteligente que usa el cerebro para alterar la verdad.

Respuesta: c)

Cuenta el aburrido historiador...

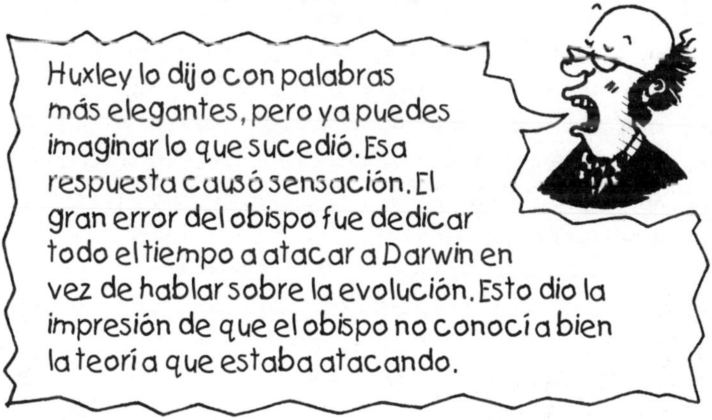

Pero, al parecer, en ninguna de las discusiones sobre la teoría de la evolución, nadie se percató del problema principal de ésta. Darwin dijo que las crías de los animales heredan de sus padres sus rasgos, pero no explicó cómo. No lo aclaró porque no lo sabía. Nadie lo sabía. Pero un desconocido monje pronto lo descubriría y, si sigues leyendo, tú también lo sabrás.

EL QUEJUMBROSO GREGOR

Ésta es la historia de un hombre que pasó ocho años de su vida cultivando plantas de guisante. Nadie hizo caso de su trabajo, por lo que deduzco que se enfadó y jamás volvió a tocar ni un guisante.

Cuadro de honor: Gregor Mendel

(1822-1884) Nacionalidad: austríaca

Gregor nació en Heizendorf (actualmente en la República Checa). Era un muchacho serio que trabajaba duro en la escuela para sacar las mejores notas y poder entrar en la universidad. Trabajó demasiado, porque enfermó debido a tantos esfuerzos. Espero que no te pase lo mismo.

Así que decidió hacerse monje. No era especialmente una persona religiosa, pero la paz y la tranquilidad serían ideales para sus experimentos científicos.

Desafortunadamente, lo primero que tuvo que hacer siendo monje fue visitar a los enfermos. Mendel, blando como era, no podía soportar ver sufrir a la gente, por lo que los monjes le enviaron a enseñar, lo que es muy extraño, teniendo en cuenta que no soportaba el sufrimiento.

Mendel estudió para ser profesor de ciencias, pero suspendió los exámenes. Unos años más tarde, lo volvió a intentar. Pero cuando se sentó ante el examen y vio la dificultad de las preguntas, se dio cuenta de algo terrorífico: SE DIO CUENTA de que volvería a fracasar. Se sintió presa del pánico. La mente se le quedó en blanco y rompió a llorar. ¡Espero que los exámenes de ciencias no sean tan difíciles para ti! El pobre Gregor tuvo que dejar el examen y abandonar los estudios.

Sin embargo no renunció a la ciencia y se dedicó a cultivar guisantes en el huerto del monasterio.

Descubre cómo cultivar plantas

Necesitarás:

Una flor; por ejemplo, un narciso o un tulipán.
Un pincel delgado de pintor.

Cómo debes hacerlo:

1 Cepillar con cuidado las anteras, algo así como unos botoncitos situados en el extremo de los estambres dispuestos en un círculo en el centro de la flor.

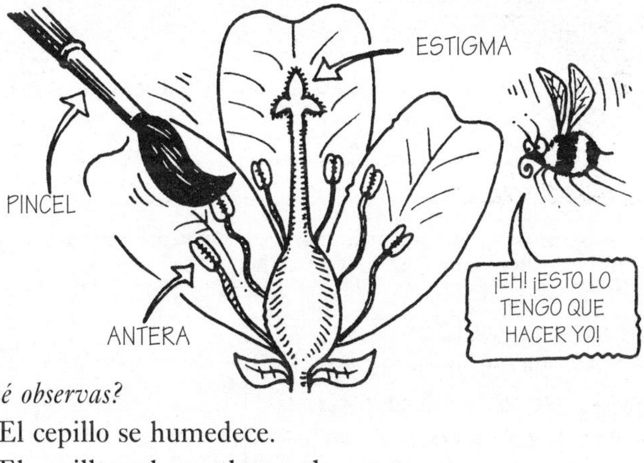

¿Qué observas?

a) El cepillo se humedece.
b) El cepillo se ha vuelto verde.
c) Hay unos polvos amarillos en el cepillo.

Respuesta: c) Los polvos amarillos son polen (que fabrican las flores y te hacen estornudar). Para cultivar plantas tienes que poner el polen en los estigmas de otra planta de la misma clase. El polen fecunda un óvulo en la segunda planta y se forman frutos y semillas.

Misteriosos mensajes

Mendel se dio cuenta de que las plantas progenitoras transmitían sus rasgos a las plantas jóvenes en forma de mensajes químicos (hoy los llamamos genes) a través del polen.

Ficha de datos

NOMBRE: Genes

DATOS BÁSICOS: Un gen es un código químico que dice a una planta o animal cómo debe crecer y desarrollarse. Los seres vivos heredan los genes de sus progenitores. Tú heredaste tus genes de tus padres y por esto te pareces a ellos.

DETALLES QUE DEBES SABER: La cosa se complica: todos los seres vivos tienen DOS series de genes, una de cada progenitor. Por ejemplo, las plantas de guisantes de Mendel podían crecer según dos tipos de genes. Uno de los genes ordena a la planta que crezca hasta convertirse en una planta grande [PG] y el otro le ordena que se convierta en una planta pequeña [PP].

Pero tan sólo una de las series se activa y, por lo tanto, las plantas de guisante de Mendel eran de dos tipos: grandes o pequeñas.

Teniendo en cuenta los distintos tipos de plantas de guisante de cada cultivo, Mendel vio que las plantas que llevaban los genes (PP) y los (PG) siempre eran grandes.

Las únicas plantas que quedaban pequeñas eran las que llevaban los genes (PP) y (PP). Esto fue un descubrimiento muy importante, porque mostraba el funcionamiento de los genes y probaba que unos genes dominan sobre otros.

[PG] + [PG] = GRANDE [PG] + [PP] = GRANDE [PP] + [PP] = PEQUEÑO

Mendel cultivó un total de 28.000 plantas de guisante. Estudió su altura, el color de las flores y otras cinco características. A veces se aburría y cansaba mucho, porque declaró:

Bueno, coraje y una buena dosis de ungüento para los dolores y los achaques propios de un hortelano. Pero Mendel había descubierto que las plantas (y animales) poseen rasgos que pueden transmitir a sus descendientes. Esta rama de la biología se llama genética y casi explica el funcionamiento de la evolución.

El pobre Mendel

En 1865, Mendel anunció con entusiasmo y orgullo su descubrimiento a la comunidad científica de su ciudad. La noticia fue recibida con un estallido espontáneo de APATÍA. Desanimado, Mendel se concentró en su carrera de monje. En 1868, fue nombrado abad, el cargo más alto de un monasterio. Pero, en 1871, discutió con el gobierno por unos impuestos impagados. Debido a este jaleo enfermó y, en 1884, el pobre murió.

LA OLVIDADA FRANKLIN

Ésta es la historia de cuatro científicos y un asombroso descubrimiento que cambió para siempre nuestra visión del mundo. Tres de los científicos se hicieron famosos y ricos, pero el otro, Rosalind Franklin, es apenas recordada. Este capítulo está dedicado a ella.

Cuadro de honor: Rosalind Franklin

(1920-1958) Nacionalidad: británica

Durante la Segunda Guerra Mundial la joven científica investigaba el carbón. A nosotros sólo se nos ocurriría decir respecto a ese mineral:

Pero Rosie hizo mucho más. Demostró que el carbón se podía transformar en un nuevo material llamado fibra de carbono. Hoy en día se emplea esta fibra para reforzar el plástico y fabricar una sustancia ligera más dura que el acero. Se encuentra fibra de carbono en los aviones, los coches e incluso en las raquetas de tenis.

Pero la fibra de carbono no fue el trabajo más importante de Rosalind.

Cristales cruciales

Se interesó sobre todo por el uso de los rayos X en el estudio de la distribución atómica de una estructura cristalina. Observando la reflexión de los rayos X, se descubren muchas cosas sobre la distribución de los átomos en un cristal. Franklin llevó a cabo este trabajo en París y luego en el King's College de Londres. En 1951, cuando estaba trabajando en una sustancia química llamada ADN, empezaron los problemas.

Ficha de datos

NOMBRE: ADN (ácido desoxirribonucleico). Si quieres presumir, apréndete el nombre de memoria.

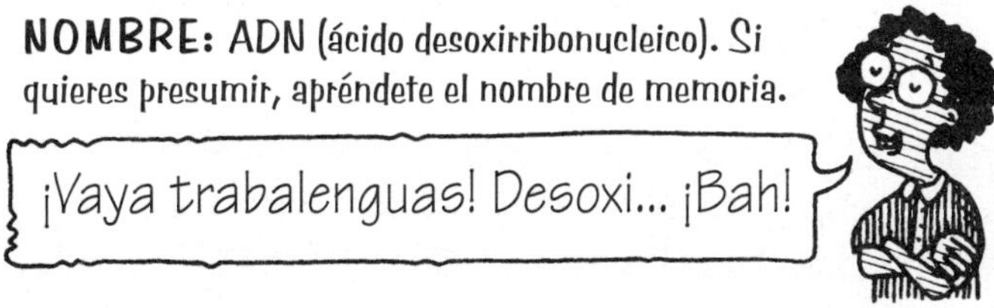

DATOS BÁSICOS: Se halla principalmente en el núcleo de las células vivas y en 1951 ya se sabía que los genes estaban formados por esta sustancia.

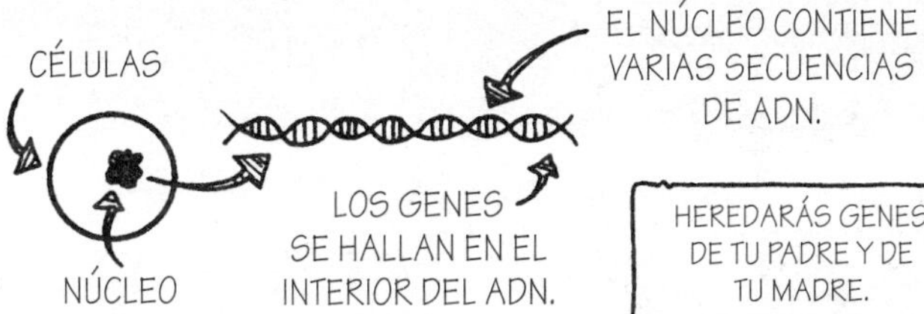

DETALLES QUE DEBES SABER: El ADN es complicadísimo. Contiene aproximadamente diez millones de átomos por lo que resulta algo difícil averiguar su distribución.

En las páginas siguientes te presentamos lo que podría haber sido el diario secreto de Rosalind. (¡De acuerdo, tienes razón! No es muy probable, pero ¿por qué no?)

JULIO 1951

Querido diario:

Estoy muy triste. Me encuentro en el King's College estudiando el ADN, por lo que debería estar muy contenta, pero no lo estoy. Hay un tipo llamado Maurice Wilkins que está haciendo lo mismo que yo, pero no me llevo bien con él; mejor dicho, él no se lleva bien conmigo y siempre nos peleamos. Es horrible. Mi trabajo por fin está avanzando. He diseñado un nuevo aparato de rayos X que obtiene mejores imágenes y creo que el ADN tiene el aspecto de un sacacorchos, pero es difícil verlo.

NOVIEMBRE 1951

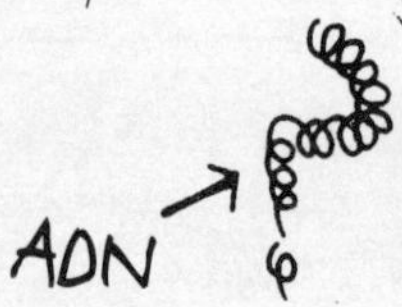

Un joven norteamericano ha asistido a una conferencia que he dado acerca de mis investigaciones. Era muy delgado, tenía la nariz respingona y llevaba un tupé. Ha dicho que se llamaba James Watson. Al parecer este tal Watson y su amigo Francis Crick también están trabajando en el ADN y son compañeros del espantoso Wilkins. Sin embargo, no han llegado a ningún resultado. Durante mi conferencia, Watson ha permanecido sentado con cara de asombro, tragándose todo lo que decía. Ni siquiera se ha molestado en tomar notas.

MARZO 1952

Wilkins y yo fuimos a Cambridge para ver el modelo del ADN que ha hecho Watson. También estaba Crick. Se está quedando calvo, es muy listo y habla muy deprisa, pero no sé el porqué, no me cayó bien. El modelo era TERRIBLE. Se parecía a tres sacacorchos entrelazados. Yo los coloqué bien. ¡Vaya cara puso Watson!

¡Mamarrachada!

ENERO 1953

Mi trabajo va viento en popa y, dentro de pocos años, voy a descubrir algo realmente importante. Me extraña que haya desaparecido una de mis mejores imágenes de rayos X del ADN. Me pregunto si Wilkins la ha tomado prestada. No sería nada raro que la hubiese cogido sin pedírmela.

Efectivamente, Maurice Wilkins había tomado prestada la imagen y la había mostrado a sus colegas Watson y Crick.

Cuenta el aburrido historiador...

Ésta no es más que UNA VERSIÓN de lo ocurrido. Muchos historiadores no están de acuerdo y aseguran que Wilkins enseñó a sus amigos imágenes propias, ninguna de Rosie Franklin.

Un equipo tremendo

James Watson y Francis Crick formaban un equipo perfecto. Crick más tarde escribiría:

Crick era un experto en el campo de Rosalind: la cristalografía por rayos X, y Watson había estudiado el ADN de unos gérmenes diminutos llamados virus. Además, ambos se llevaban bien en otros aspectos. Mientras Rosalind trabajaba pacientemente en sus investigaciones, a Watson y a Crick les gustaba descansar y charlar. Si ésta es tu idea de la ciencia, será mejor que la olvides, porque Watson y Crick trabajaban muy duro, cuando tenían ganas.

En cuanto vieron la imagen de rayos X, se dieron cuenta de que el ADN tenía el aspecto de una escalera de caracol con dos pasamanos y cuyos peldaños estaban formados por parejas de sustancias químicas.

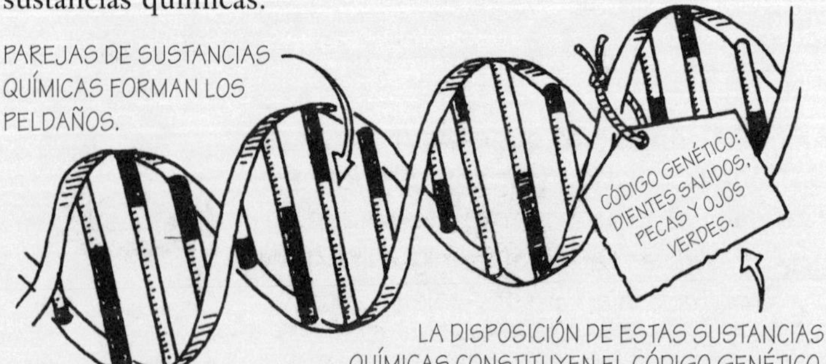

Watson se dispuso a construir un modelo utilizando trozos de alambre, cartón y abalorios. Juntos habían descubierto el misterioso ADN con, quizás, un poco de ayuda de Rosalind Franklin.

El dinámico ADN

El descubrimiento de la estructura del ADN tuvo una importancia vital. Cada uno de nosotros tiene un código de ADN único en las células y, hoy en día, los científicos pueden identificar a los criminales a través de restos del ADN de su piel o saliva hallados en el escenario del crimen. Las fuerzas policiales de todo el mundo están reuniendo bases de datos del ADN de los delincuentes con el fin de poder consultarlas si se encuentran restos de ADN en el escenario de un crimen.

En 1988, los científicos se dispusieron a hacer un mapa de los 100.000 genes que constituyen el ser humano.

Para 1997, habían hallado las secuencias de ADN relacionadas con 450 enfermedades causadas por la copia defectuosa de los genes del interior de las células del cuerpo. Una de estas enfermedades es la fibrosis quística, que afecta a los pulmones.

¡A que no lo sabías!

1 A finales de la década de 1990, los científicos inventaron un aerosol para combatir la fibrosis quística. El paciente afectado por esta enfermedad inhala el aerosol que contiene genes sanos que sustituirán los dañados. A través del aerosol, los genes llegan a los pulmones del paciente.

2 Ahora es posible hacer una prueba con los genes de una persona para ver si están dañados. Si lo están, en el futuro podrían ser la causa de una enfermedad mortal. Estas pruebas serían vitales si existiera un tratamiento para la enfermedad, pero, ¿qué sucedería si la enfermedad no se pudiera tratar? Es muy probable que al paciente no le entusiasmara enterarse de la terrible verdad. ¿Qué crees tú?

Nuevas formas de vida

Gracias a la tecnología genética, los científicos pueden manipular los genes del ADN para crear nuevas formas de vida. Por ejemplo:

- Hay unos microbios que fabrican una sustancia química llamada rennina, utilizada para cuajar el queso. La otra única fuente de rennina es el jugo del estómago de las terneras. ¡Ag! ¿Te parecen ambas asquerosas?

- Nuevas formas de plantas resistentes a las enfermedades de las plantas o a los herbicidas. A mucha gente le preocupa saber si estos alimentos genéticamente modificados, los llamados transgénicos, se pueden comer sin peligro alguno o si pueden perjudicar la salud o el medio ambiente.

- Microbios que producen una sustancia vital llamada insulina. Los pacientes de diabetes necesitan esta sustancia para evitar el aumento del nivel de glucosa en la sangre. Todos los años se están creando nuevas formas de vida.

Pon a prueba a tu profe

Rosalind nunca supo si Watson y Crick consiguieron hacer ese importante descubrimiento gracias a su imagen de rayos X, pero sin lugar a dudas merecía que su trabajo fuese recompensado. ¿Qué crees que le dieron?

a) La posibilidad de compartir el Premio Nobel.
b) El Premio Nobel para ella sola.
c) Absolutamente nada.

Respuesta: c) Rosalind murió joven en 1958 y hasta 1962 no fue concedido el Premio Nobel, que compartieron Watson, Crick y Wilkins. Según el reglamento, no se puede conceder un Premio Nobel a una persona fallecida. Supongo que a un difunto le sería bastante difícil recoger el premio en persona.

Mientras tanto, en biología, los científicos están haciendo nuevos descubrimientos que provocan grandes polémicas. Sigue leyendo y esperemos que no te sulfures.

CIENTÍFICOS DE LA VIDA MODERNA

Pese a que la obra de Mendel y el consiguiente descubrimiento de los genes contribuyeron a la comprensión del proceso evolutivo, todavía hoy los científicos discuten sobre los detalles del tema, porque es difícil demostrarlos. Podrías hacer un experimento con un grupo de animales para observar su evolución, pero tendrían que esperar más de un millón de años para ver los resultados.

Gracias al estudio de los fósiles, se sabe que cada 26 millones de años aproximadamente una gran parte de los seres vivos del la Tierra se extinguen. Los dinosaurios desaparecieron, pero no te preocupes, porque nosotros probablemente no lo haremos hasta dentro de millones de años. Esto podría deberse a que un cometa chocara contra la Tierra o que se produjeran grandes erupciones volcánicas o ambas cosas. De todas formas, algunos científicos creen que estas extinciones masivas dieron la oportunidad de evolucionar más rápidamente a los seres supervivientes, porque tenían que competir menos por los alimentos y el espacio vital. Pero otros científicos no están de acuerdo, porque han estudiado fósiles que parecen demostrar que la evolución es un proceso más gradual.

Sin embargo, por el hecho de que este pasado fin de semana ningún cometa chocara contra la Tierra, no significa que no se estén extinguiendo algunas clases de plantas y animales. Esto sucede y ¿quién es el culpable? Nosotros. Los humanos estamos destruyendo la selva, los arrecifes de coral y otros lugares ricos en fauna y flora a un ritmo escalofriante. Continuamente se están extinguiendo plantas y animales.

¡A que no lo sabías!
Una de las primeras personas que dio la alarma acerca de este peligro fue la científica estadounidense Rachel Carson (1907-1964). En 1962 escribió un libro en el que demostraba lo perjudicial que resultaba para las aves el DDT, un producto químico utilizado para matar insectos. El DDT ha salvado cerca de cinco millones de vidas humanas y su inventor, el científico suizo Paul Müller (1899-1965), ganó el Premio Nobel en 1948. Pero actualmente está prohibido en muchos países, porque es muy perjudicial para otras especies.

Actualmente no todo el mundo está entusiasmado por la posibilidad de alterar los genes de las plantas y animales. Pese a que muchos piensan que esta tecnología es segura, en 1999 se publicaron unos informes, según los cuales, unas ratas que comían un tipo de patata alterada genéticamente (transgénica) parecían perder capacidad para resistir las enfermedades.

Los científicos coincidieron en afirmar que los experimentos en los que se basaban dichos informes no demostraban nada, por el modo en que se realizaron. (Incluso los científicos a veces se equivocan.) Muchos creen que es necesario realizar más pruebas antes de asegurar que los alimentos transgénicos no son peligrosos, así que el tema sigue siendo de candente actualidad.

¿Qué? ¿Ya has decidido lo que quieres ser? ¿Un valiente biólogo que advierta al mundo de los peligros a los que se enfrentará, si se siguen extinguiendo las plantas y animales? ¿O prefieres ser astrónomo, alguien que estudie a fondo los fundamentos del Universo?

Mientras lo decides, volvamos a lo esencial:

SEXTA PARTE

LOS SUFRIDOS FÍSICOS

FÍSICOS INVESTIGADORES

En la Edad de Piedra, a los Sílex les interesaba menos la física que a cualquier alumno de tu clase. No olvides que su principal preocupación era encontrar alimentos. Sin darse cuenta, utilizaban la física.

Cuenta el aburrido científico...

Pero, naturalmente, nadie se dio cuenta de ello, porque la física como ciencia todavía no se había inventado. Te acordarás de que Aristóteles cometió varios errores en física, y que sus ideas perduraron hasta que Galileo propuso teorías mejores. (Repasa las páginas 30 y 74 si no te acuerdas.) Finalmente, la física recibió un gran impulso, gracias a una persona que era un supercientífico y tenía una personalidad asombrosa. Era increíblemente sabio, increíblemente grosero e increíblemente antipático.

¿Estás preparado para conocerlo?

EL INCREÍBLE ISAAC

Isaac Newton fue tan famoso durante su vida que el marqués de l'Hôpital, un noble francés, incluso llegó a pensar que tal vez fuese un dios.

La mayoría de científicos modernos están de acuerdo en afirmar que fue el científico más grande de la historia. ¿Qué tenía que lo hiciera tan increíble?

Cuadro de honor: Isaac Newton
(1642-1727) Nacionalidad: inglesa

Cuando era un muchacho, Newton hizo una lista de lo que había hecho mal. No es algo que haríamos la mayoría de nosotros, pero hay de todo en este mundo. A continuación te presentamos un extracto de la lista, a la que hemos añadido dos cosas que Newton no confesó. ¿Eres capaz de detectar las que no son ciertas?

YO CONFIESO, POR ISAAC NEWTON (17 AÑOS)

1. PEGUÉ A MI HERMANA.
2. QUISE QUEMAR LA CASA CON MI PADRASTRO DENTRO.
3. HICE UN EXPERIMENTO CRUEL CON MI HÁMSTER.
4. ROBÉ UNA MANZANA A MI AMIGO.
5. ASUSTÉ A TODO EL MUNDO CON UN OVNI.

Respuestas: 3 y 5 Newton no tenía un hámster, aunque construyó el modelo de un molino de viento impulsado por un ratón que corriendo hacía girar una rueda. En cuanto al 5 es *cierto*, pero nunca lo anotó en la lista. Efectivamente, Isaac Newton fue el primero en asustar a todo el mundo con un OVNI. Le gustaba hacer cometas y construyó uno que llevaba una luz atada. Cuando la gente vio la extraña luz revoloteando por el cielo, cundió el pánico en la zona.

Un alumno brillante

Newton realizó la mayor parte de sus descubrimientos cuando estaba estudiando en la Universidad de Cambridge en la década de 1660. Por aquel entonces era muy pobre y tenía que trabajar como criado, haciendo recados e incluso vaciando los orinales de su profesor. (En las habitaciones de la universidad no había servicios propiamente dichos y la gente tenía que hacer sus necesidades en orinales. ¿Te ofrecerías voluntario para vaciar el de tu profe?)

Cuando se dieron cuenta de lo listo que era, Newton ascendió hasta convertirse en profesor de matemáticas en Cambridge y, más tarde, trabajó para la Real Casa de la Moneda, donde se hacían las monedas de Inglaterra. Entre 1689 y 1690, fue miembro del Parlamento, pero sólo habló en una ocasión y, cuando lo hizo, fue para pedir que abrieran una ventana. A continuación te presentamos un resumen de los grandes logros de ese genio.

HECHOS MEMORABLES DE NEWTON

1665: Newton desarrolló el sistema matemático conocido como cálculo diferencial, progresivamente desarrollado por otros científicos a partir de los inicios del siglo XVII y resuelto por él.
1664-1666: Descubrió que la luz está compuesta por varios colores. Lo hizo filtrando los rayos del sol a través de un cristal llamado prisma, el cual descomponía la luz en colores.

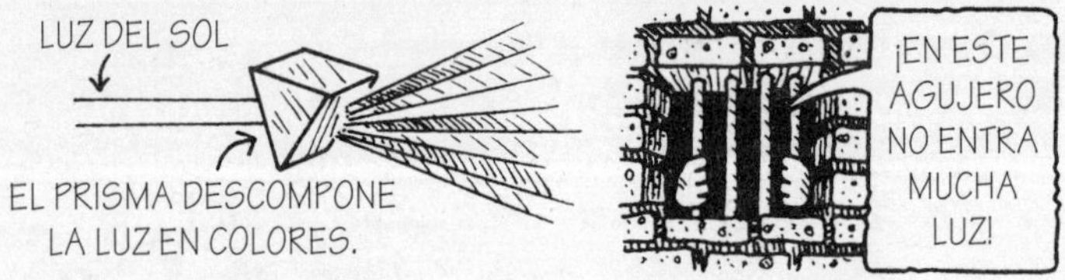

1666: Empezó a elaborar la teoría de la gravedad.
1687: El mayor logro de Newton fue el libro que escribió sobre la gravedad y las leyes que hacen que los objetos se muevan. Titulado *Principios matemáticos de la filosofía natural*, fue uno de los libros de ciencia más famosos de la historia y actualmente ¡uno de los más caros!

Newton y el globo

Otra primicia para *Esa horrible ciencia*. El genial sir Isaac Newton ha accedido a demostrar sus leyes del movimiento usando este globo.

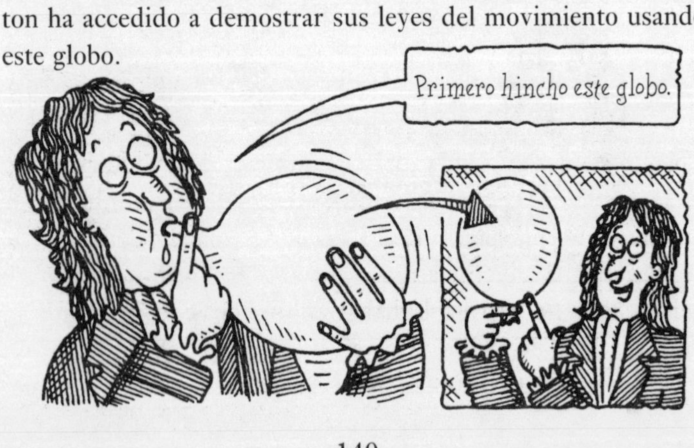

Ley 1: Toda acción tiene una reacción igual y opuesta. Es decir, cuando suelto el globo, la reacción opuesta del globo que empuja el aire del interior hará salir el aire por la abertura y hará volar el globo en la dirección opuesta.
Ley 2: La aceleración del globo depende de la fuerza que actúa sobre él y de su masa.*
* Término técnico que designa la cantidad de materia de un objeto.
Ley 3: Salvo que las fuerzas que actúan sobre el globo cambien o intervenga otra fuerza, el globo seguirá moviéndose a una velocidad constante.
La fuerza de gravedad ha hecho caer el globo al suelo.
De todas formas, la **ley 3** también dice que, cuando el globo ha cesado de moverse, seguirá inmóvil hasta que otra fuerza lo mueva.

En este punto, Newton empezó a explicar los fundamentos matemáticos de sus leyes, pero nosotros le dimos las gracias y nos excusamos. Lo maravilloso de la obra de Newton es que no solamente funciona en el caso de los globos, sino que sus leyes lo explican TODO (salvo los escurridizos átomos). Pero, desde los calamares a los cohetes espaciales, pasando por los mocos que salen volando de la nariz cuando estornudamos, todo se mueve de una forma previsible científicamente.

Y todavía hoy se utilizan las teorías de Newton para diseñar nuevos modelos de coches o para explicar por qué los puentes oscilan cuando soplan vientos huracanados. Incluso explican el funcionamiento de los cohetes y los aviones a reacción.

¿Me has seguido?

Un galimatías

A pesar de ser un excelente libro de ciencia, la obra de Newton, *Principios matemáticos de la filosofía natural*, estaba repleta de complejas matemáticas que sólo podían entender unos cuantos entendidos. Un noble incluso llegó a ofrecer 500 libras a quien pudiera explicarle de qué iba el libro, pero nadie aceptó la oferta. Otro lector frustrado señaló a Newton en la calle diciendo:

En realidad, Newton sabía muy bien de qué hablaba. Pero dijo que lo había escrito de forma tan ininteligible porque no quería que los profanos le importunaran con preguntas estúpidas. ¡Muy amable!

Errores básicos

En realidad, Newton no tuvo razón en todo. La siguiente afirmación es errónea:

Cuenta el aburrido científico...

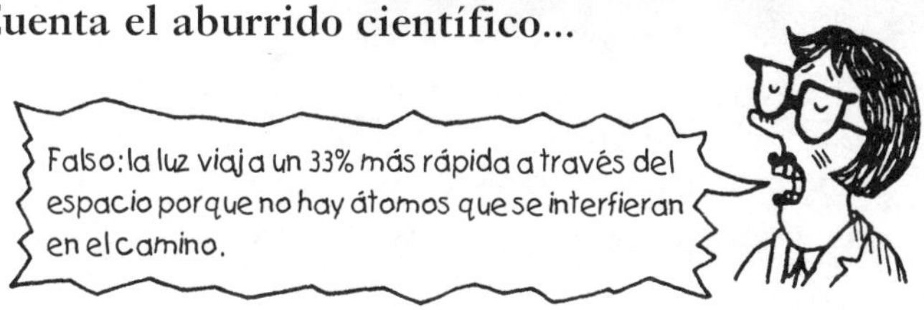

Además, Newton dedicó grandes cantidades de dinero y muchos años a experimentos inútiles basados en la alquimia. Efectivamente, creía de verdad que se podía obtener oro a partir de otros metales. De hecho, le gustaba tanto esta idea, que a veces se pasaba seis semanas seguidas sin salir de su laboratorio. ¿Harías tú lo mismo y dormirías en el laboratorio de la escuela? Cuando no dormía, realizaba experimentos para los que tenía que fundir distintos tipos de metales y mezclarlos. Pero jamás obtuvo nada.

El huraño Isaac

Pese a ser un genio, Newton fue un desgraciado. Que se sepa, solamente rió una vez en toda su vida. Un amigo suyo en una ocasión le dijo que no veía ningún sentido en estudiar la obra de Euclides, el inventor de la geometría, y Newton se echó a reír a carcajadas.

¿Alguien le ve la gracia?

Siendo tan célebre, cualquiera pensaría que a Newton le encantaba dar ruedas de prensa, firmar autógrafos y recibir cartas de sus admiradoras. Pues nada de eso. Al parecer le gustaba mostrarse antipático y antisocial. Incluso escribió una extraña carta a otro peculiar científico y colega, Samuel Pepys (1633-1703), que decía:

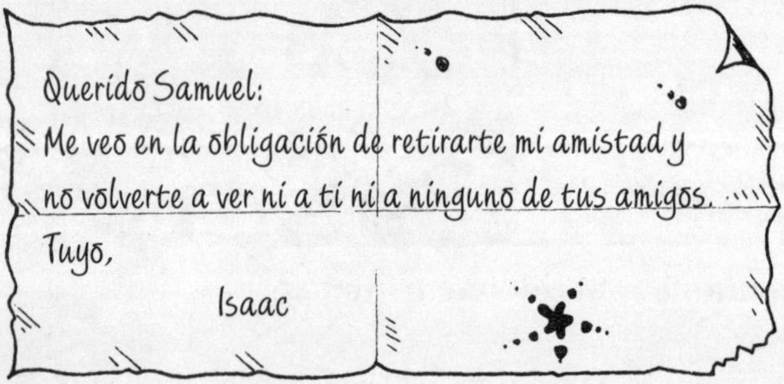

Nadie sabe por qué Newton escribió estas líneas, ya que unos años más tarde se puso de nuevo en contacto con Pepys. Sin embargo, pese a que vivió muchos años, no repitió los brillantes logros científicos conseguidos en su juventud.

Aunque parezca raro, Newton solamente se sentía cómodo en las reuniones que organizaba una sociedad científica. En 1702, Newton fue presidente de la Royal Society, la más antigua y elitista sociedad científica británica.

Newton abrió el campo de la física a otros científicos. Y en su obra sobre la gravedad, describió la fuerza vital que da forma al universo. Pero existe otra fuerza, una fuerza que fluye de los enchufes cada vez que le das a un interruptor. Para saber más cosas sobre el científico que contribuyó a la comprensión de este fenómeno, te recomiendo que pases a la página siguiente.

¡Quedarás electrizado!

EL ELECTRIZANTE FARADAY

Ya te lo advertí.

¿Recuerdas que te dije que Tales frotaba el ámbar para generar electricidad estática? Pues bien, los científicos del siglo XVIII y de principios del XIX se dedicaron a estudiar la electricidad.

El científico italiano Alessandro Volta (1745-1827) había descubierto una pila sencilla. Y en aquellos tiempos, un joven genio científico en Inglaterra estaba ocupado repartiendo periódicos y pasando hambre. Pero cuando creció, dejó pasmado al mundo científico. Era:

Cuadro de honor: Michael Faraday
(1791-1867) Nacionalidad: inglesa

El padre de Michael era un herrero quien, durante casi toda la infancia de su hijo, guardó cama por estar enfermo. La familia Faraday era tan pobre que no tenían suficiente para comer y tenían que recurrir a la beneficencia. El niño asistió poco tiempo a la escuela y a los 13 años fue a trabajar para un librero, con quien aprendió a encuadernar libros.

Un día, Michael estaba encuadernando un libro titulado *Conversations about Chemistry*, de Jane Marcet (1769-1858), popular autora de libros de ciencia. El libro narra la historia de dos muchachas, Emily y Caroline, y su profesora de ciencias, la señora Robson. Emily es seria y callada, pero a Caroline le gustan los experimentos emocionantes y las explosiones. ¿Te recuerda a alguien? A Faraday, el libro le pareció tan fascinante, que ingresó en la sociedad científica de su ciudad, y luego un simpático cliente le dio entradas para las conferencias de la Royal Institution.

DATO IMPORTANTE

A medida que la ciencia se iba complicando, más difícil se hacía para los profanos entender los nuevos descubrimientos. Gente como Jane Marcet tuvieron un papel primordial al escribir libros de ciencia para un público de nivel cultural mediano. Las sociedades científicas y la Royal Institution (fundada en 1799) organizaban conferencias de temas científicos para divulgar los últimos avances.

Faraday quedó desconcertado ante la Royal Institution. Imagínate que pudieras ver a tus futbolistas o cantantes pop favoritos. Extasiado, permanecía sentado en uno de los confortables asientos azules, mientras el eminente científico, sir Humphry Davy (1778-1829) daba su conferencia sobre un tema científico. «Un día, yo subiré a esa tarima», pensó Michael. Su mayor deseo era trabajar en la Royal Institution.

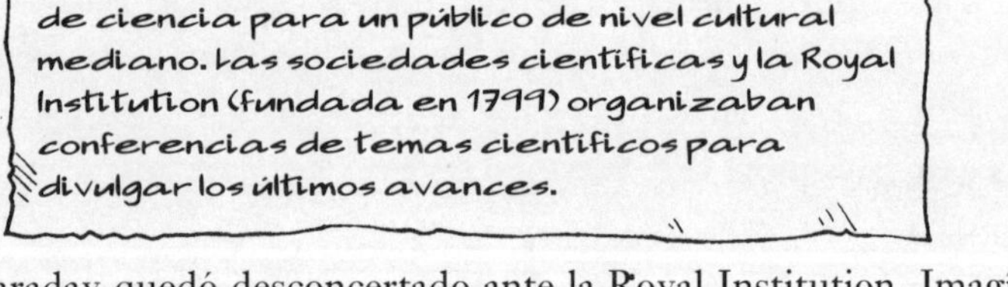

¿PUEDES DISTINGUIR A M.F. ENTRE LA MULTITUD?

Tomaba notas detalladas en todas las conferencias y luego las pasaba en limpio con su mejor caligrafía y con dibujos de los experimentos, que luego pintaba. Más tarde encuadernó todas las hojas con cubiertas de piel. (¿Serías capaz de hacer los deberes de ese modo?) Faraday envió su trabajo a sir Joseph Banks (1744-1820), el presidente de la Royal Institution, junto a una nota en la que, educadamente, le pedía trabajo.

Sir Joseph ni se molestó en responder.

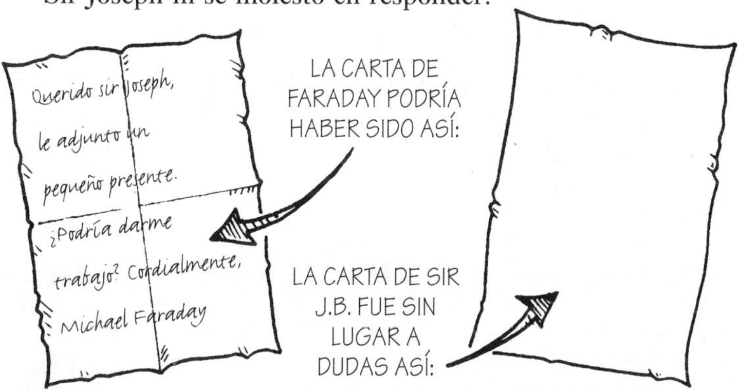

¿Qué harías tú?

¿Romper a llorar y renunciar a tu sueño?

Michael no lo hizo. Estaba decidido a obtener ese trabajo. Así que hizo otro hermoso libro pintado a mano y lo envió a sir Humphry Davy. Sir Humphry le dijo que se dedicara a la encuadernación.

Pero entonces a Faraday le cambió la suerte.

Al ayudante de Davy lo despidieron por buscar jaleo y el científico quedó ciego temporalmente debido a un peligroso experimento químico. Y como necesitaba ayuda, al joven Faraday le dieron un trabajo aún peor pagado que la miseria que cobraba como encuadernador. A Michael no le importó, porque le encantaba el trabajo. Sin rechistar, lavaba apestosos tubos de ensayo, hacía recados y barría. Más tarde empezó a ayudar en los experimentos y, en 1814, Davy se lo llevó a hacer un magnífico viaje por Europa.

Conocieron a importantes científicos y todo habría sido perfecto si no hubiese sido por lady Davy. Michael tenía muy mal carácter y lady Davy le sacaba de quicio, pero Michael tuvo que contenerse.

Una de las veces lady Davy se quejó duramente de que a Faraday le invitaran a sentarse a la misma mesa que ella, cuando no era más que un criado.

Cuando Faraday se convirtió en un científico más popular, fue elegido miembro de la Royal Society. En 1825 ocupó el puesto de Davy en la Royal Institution. Su sueño se había hecho realidad, y los ricos y famosos acudían en tropel a sus conferencias. Los días en que no era más que un «criado» quedaban atrás.

Los grandes hallazgos de Faraday

En 1825, descubrió el benceno (un producto químico industrial muy importante), mientras estudiaba los ingredientes del hediondo y grasiento aceite de una ballena muerta. (Seguro que se lo pasaría en grande.) Pero, actualmente, a Faraday se le conoce, sobre todo, por su trabajo sobre la electricidad.

Ficha de datos

NOMBRE: Electricidad

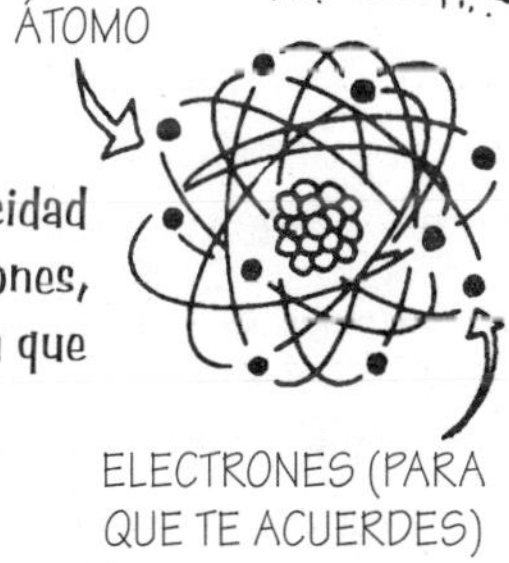

DATOS BÁSICOS: 1 La electricidad procede del movimiento de los electrones, los diminutos corpúsculos de energía que zumban alrededor de los átomos (véase página 23).

2 En la corriente eléctrica, como la que se obtiene de una pila o un enchufe, los electrones están en movimiento.

3 Siempre que sea posible, los electrones se desplazarán de una zona donde sean muy abundantes a otra donde haya menos.

DETALLES QUE DEBES SABER: Henry Cavendish (véase página 91) hizo experimentos sobre la electricidad, pero no realizó ningún descubrimiento espectacular. Como no había instrumentos de medición, experimentaba con la corriente eléctrica, provocándose descargas a sí mismo y anotando el dolor que sentía. ¡Eso sí era electrificante!

APARATO DEL SIGLO XVIII PARA MEDIR LA ELECTRICIDAD, TAMBIÉN CONOCIDO COMO «HENRY CAVENDISH».

Descubre (1) el modo de ver la electricidad

Necesitarás:

Un gato (o cualquier objeto peludo)
Un suéter seco y frío
Un trozo de nilón

Cómo debes hacerlo:

1 Deja la habitación a oscuras o espera a que oscurezca.
2 Frota el gato con el nilón.

¿Qué observas?

a) El gato brilla en la oscuridad.
b) Ves chispas diminutas.
c) Oyes unos crujidos leves.

Respuesta: b) Al acariciar al minino, le quitaste electrones de la superficie de su pelo. Pero los electrones se repelen y siempre se desplazan hacia zonas donde el número de ellos es menor, ¿recuerdas? Así que lo que ves y oyes son los millones de electrones que saltan del nilón al pelo del minino.

Descubre (2) cómo la electricidad mueve los objetos

Necesitarás:

A ti mismo
Un suéter de lana
Un globo
Un hilo de 10 centímetros

Cómo debes hacerlo:

1 Ponerte el suéter.
2 Hinchar el globo y atar el extremo.
3 Atar el hilo al extremo del globo.
4 Frotar el globo contra tu jersey varias veces.
5 Sujetar el hilo apartando el globo unos centímetros de ti.

¿Qué observas?

a) El globo se acerca a ti.
b) El globo parece alejarse de ti.
c) El globo echa chispas y produce un alarmante crujido.

Respuesta: a) El globo recoge los electrones del jersey, pero los electrones atraen el globo hacia el suéter porque éste ahora tiene menos electrones.

Descubrimientos electrizantes

En 1832, Faraday descubrió que una corriente eléctrica puede separar los elementos químicos de un líquido. Este proceso, conocido como electrólisis, es útil para dar un baño de plata a las cuberterías. Pero su mayor descubrimiento lo había realizado el año anterior.

En 1831, construyó la primera dínamo para producir una corriente eléctrica. En 1821, Faraday había descubierto que un imán en movimiento produce una corriente eléctrica en un cable. La fuerza magnética es generada por electrones que giran dentro del imán y el magnetismo afecta a los electrones del cable y los pone en movimiento. (De hecho, los científicos consideran que ambas son la misma fuerza, porque una corriente eléctrica siempre produce además una fuerza magnética. El nombre de esta fuerza es electromagnetismo.)

Diez años más tarde, Faraday volvió a trabajar en ello y vio que se podía mover el cable metálico, manteniendo el imán en el mismo lugar y, con todo, producir una corriente. He aquí a Faraday mostrando con orgullo su invento.

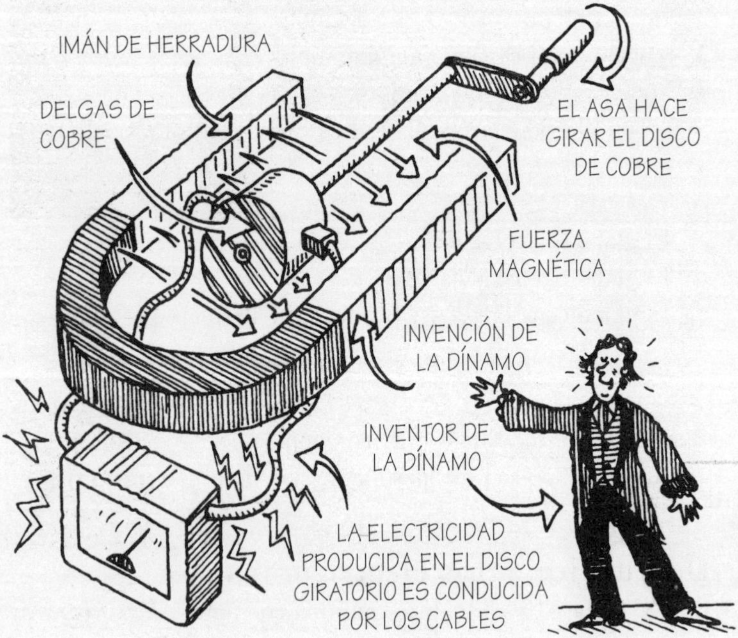

Un descubrimiento gigante

Este descubrimiento es de tal envergadura que se necesitaría un libro entero para contar sus efectos sobre nuestras vidas. Resumiendo, sin la fuerza de la electricidad, las máquinas que funcionan con ella no existirían. ¿Te has encontrado alguna vez atrapado en un apagón?

Sumergidos en las tinieblas

No, a mí tampoco me haría ninguna gracia (al menos puedes leer este libro, así que anímate). Esto confirma la importancia del descubrimiento de Faraday.

DATO IMPORTANTE

Al otro lado del Atlántico, el científico estadounidense Joseph Henry (1797-1878) realizaba el mismo descubrimiento. En realidad, Henry lo consiguió en 1830, pero fue atribuido al científico británico porque publicó los resultados antes. Es un buen ejemplo de cómo, a veces, dos o más científicos pueden realizar los mismos descubrimientos al mismo tiempo.

¡A que no lo sabías!

En una demostración espectacular, Faraday construyó una jaula de madera de 3,66 m² y alambre. El científico se metió dentro de la jaula y un ayudante hizo descargar 100.000 voltios por los barrotes. La jaula echó chispas y, si Faraday hubiese tocado los barrotes, habría muerto en el acto. ¿Algún voluntario para el experimento?

Clases clásicas

¿Tu profe da unas clases brillantes que dejan a todos los alumnos extasiados y con ganas de aprender más? Pues ahora tendrás la oportunidad de compararlo con los mejores y los peores maestros de la historia. Como ya te habrás dado cuenta, Michael Faraday fue uno de los mejores. Incluso contrató a un logopeda (corrector del habla) para que le asistiera en las conferencias. El profesor le mostraba tarjetas que le indicaban cuándo hablaba demasiado deprisa o demasiado despacio. ¿Tendrías el valor de hacérselo a tu profe de ciencias?

EL MARAVILLOSO MAXWELL

El científico escocés James Clerk Maxwell fue, sin lugar a dudas, un genio e incluso en la escuela fue considerado superdotado.

Cuadro de honor: James Clerk Maxwell

(1831-1879) Nacionalidad: escocesa

Ya de muy pequeño, Maxwell se interesó por la ciencia. A la edad de dos años preguntó a su madre de dónde venían los ríos, cómo funcionaban las esclusas y otras cosas que la mujer no sabía. Es posible que James heredara ese interés de su padre inventor. A la edad de 14 años escribió su primer artículo científico (sobre cómo dibujar una elipse (el círculo aplastado, ¿te acuerdas?) y pasó casi el resto de su vida como profesor universitario en Escocia y Cambridge. Al señor Maxwell además le gustaba diseñar ropa, lo que fue un verdadero problema. ¿Te gustaría presentarte en la escuela de esta forma?

El primer día de James Maxwell en la escuela

No es raro que los otros niños se metieran con él y lo llamaran James «el paleto». Pero no era estúpido ni mucho menos.

Más problemas escolares

Maxwell no fue el único científico que tuvo problemas en la escuela. Fíjate en los siguientes:

- Carl Linneus (Linneo) (1707-1778), el biólogo sueco que creó el sistema de nomenclatura en latín utilizado para identificar las plantas y animales, odiaba la asignatura de latín en la escuela. Su maestro dijo a su padre:

Probablemente el maestro pensaría que los que remiendan zapatos no necesitan tener cerebro, lo que es una solemne tontería.

- William Bateson (1861-1926) fue un distinguido genetista (alguien que estudia la genética, la ciencia iniciada por los hallazgos del británico Mendel). Pero, cuando iba a la escuela, su maestro lo describió como:

Esto no impidió a Bateson llegar a ser un científico de primera clase.

- El supergenio Albert Einstein odiaba la escuela. En ella, se hacían muchos exámenes, se tenían que aprender datos aburridos de memoria y se aplicaba una estricta disciplina. Más tarde Einstein diría:

¡Prueba a decirle esto a tu profe de ciencias. ¿Te atreverías?

¡A que no lo sabías!
Los científicos también fueron víctimas de las brutales condiciones a que eran sometidos los niños en las escuelas. Por ejemplo, Neville Barnes Wallis (1887-1979), el inventor de una bomba que rebotaba, utilizada para destruir los embalses alemanes en 1943, tenía que dormir en el suelo de madera y jugar a rugby en un campo de hormigón. (Seguro que no rebotaba demasiado cuando se caía en el campo. Pero volvamos a Maxwell.)

Una prueba rápida

Cuando era un joven estudiante, James Clerk Maxwell, tenía dos aficiones, ¿cuáles?

a) Con atomizador realizaba cálculos científicos en las paredes.

b) Corría por la casa a las dos de la madrugada, despertando a todo el mundo.

c) Tiraba chicle para que se pegara en el trasero del profe y luego culpaba a otro.

d) Arrojaba al gato por la ventana de su habitación.

e) Dejaba que una serpiente se escabullera por el inodoro y luego la buscaba en las cloacas.

Respuesta b): Según una de sus compañeras, le gustaba pasar corriendo por delante de sus habitaciones a las dos de la madrugada, molestando a todo el mundo.

Y **d):** Maxwell quería tirar el gato de modo que cayera sobre sus patas. Al parecer lo logró, pero, años más tarde, negó haberlo hecho. No es raro, ¿verdad? ¿Cuántos famosos científicos admitirían haber maltratado a inocentes mininos?

Los espectaculares descubrimientos de Maxwell

Maxwell llevó a cabo innumerables descubrimientos. Por ejemplo, en 1860, utilizó las matemáticas para demostrar que el calor es, en realidad, el movimiento de las moléculas. Pero su mayor descubrimiento lo hizo en 1864. Con poco más que un cuaderno, un lápiz y su brillante cerebro, dedujo una serie de reglas matemáticas (ecuaciones) por las que se rige la electricidad.

Aunque parezca un poco aburrido, esto tuvo unas implicaciones de enormes proporciones. Maxwell se dio cuenta de que estas ecuaciones significaban que:

Además, Maxwell adivinó que, aunque fuesen invisibles, era posible que existieran otros rayos parecidos a los de la luz.

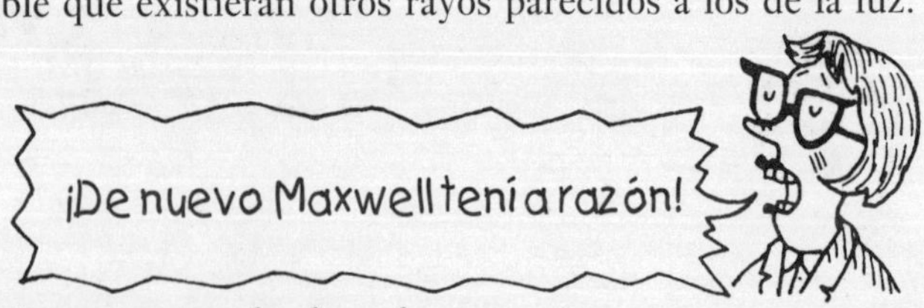

En la cresta de la ola

En 1888, German Heinrich Hertz (1857-1894) descubrió las ondas electromagnéticas, los primeros rayos invisibles de los que hablaba Maxwell. Piénsalo: gracias al trabajo de Maxwell, los científicos pudieron desarrollar la radio y la televisión. Al fin y al cabo, las radios utilizan ondas electromagnéticas y las señales de televisión también son ondas electromagnéticas.

Luego, en 1895, otro científico alemán, Röntgen (1845-1923), descubrió unas ondas nuevas, los rayos X, los cuales, al igual que las ondas electromagnéticas, eran invisibles, pero tenían mucha más energía. Los rayos X atraviesan la piel, pero no objetos más sólidos, como los huesos, por esto es posible ver los huesos en una radiografía. Los rayos X también se utilizan en los aeropuertos para detectar bombas y armas escondidas en el equipaje.

Por lo tanto, las ecuaciones de Maxwell cambiaron el mundo. No está mal, teniendo en cuenta que en la escuela le llamaban «palurdo» y que sólo utilizó un cuaderno y un lápiz. Pero, afortunadamente, Maxwell no tuvo razón en todo. Tenía mucha fe en el éter, el material invisible que, según creían, llenaba el espacio, pero que no existe.

Desgraciadamente, Maxwell murió bastante joven. Si hubiese vivido un poco más, habría comprobado que sus ecuaciones eran correctas y que realmente existían las ondas que había predicho. Pero, cuando murió, muchos colegas no supieron apreciar la importancia de sus ecuaciones.

Mientras tanto, los científicos seguían buscando rayos. En 1896, el científico francés Antoine-Henri Becquerel (1852-1908) descubrió unos extraños rayos procedentes de una sustancia química que contenía un elemento llamado uranio. De nuevo, los rayos eran invisibles, pero velaban las películas fotográficas, incluso cuando estaban en un lugar oscuro. Así que probablemente le echaron a perder las fotos de las vacaciones. Fuera como fuere, sin saberlo, Becquerel había descubierto un enorme campo de la ciencia: la radiactividad. Y pronto una mujer muy inteligente investigaría sus secretos. Tú también puedes hacerlo, leyendo la historia de su sufrida vida en el capítulo siguiente.

LA VALIENTE CURIE

Marie Curie tuvo que abandonar su país, aprender otro idioma y pasar hambre para recibir una educación científica. (¡Y tú que pensabas que tu educación era dura!) Pero éste fue el menor de los males de Marie.

Cuadro de honor: Marie Curie
(1867-1934) Nacionalidad: polaca/francesa

Desde pequeña, ya se hizo evidente que Marie Sklodowska (su nombre de soltera) sería científica de mayor. Sus padres eran maestros y la pequeña Marie era una niña lista a quien gustaba leer libros de ciencia. Pero había un problema: Marie era una muchacha y, en aquella época, las mujeres no podían estudiar en las universidades polacas.

Por lo tanto, Marie y su hermana Bronya elaboraron un plan extraordinario:

–Mira, Bronya, yo me busco un trabajo como institutriz y tú vas a París a estudiar Medicina. Yo te enviaré el dinero.

–Sí, Marie, y cuando yo tenga trabajo, tú te vienes a París a estudiar Ciencia y yo te ayudaré.

Y eso fue lo que hicieron las dos hermanas.

¿Por qué lo tenían tan difícil las mujeres?

Si has leído el libro hasta aquí, te habrás dado cuenta de que aparecen muy pocas mujeres científicas. El problema era que mucha gente (en su mayoría, hombres) creían que las muchachas no estaban capacitadas para estudiar ciencia. De hecho, estas personas (en su mayoría hombres) creían que las mujeres eran estúpidas. Sí, lo siento, chicas, pero realmente lo creían. En 1879, un especialista del cerebro francés llamado Gustav le Bon dijo:

Añadió que una mujer inteligente era tan inusual como un gorila con dos cabezas.

Cuenta la aburrida científica...

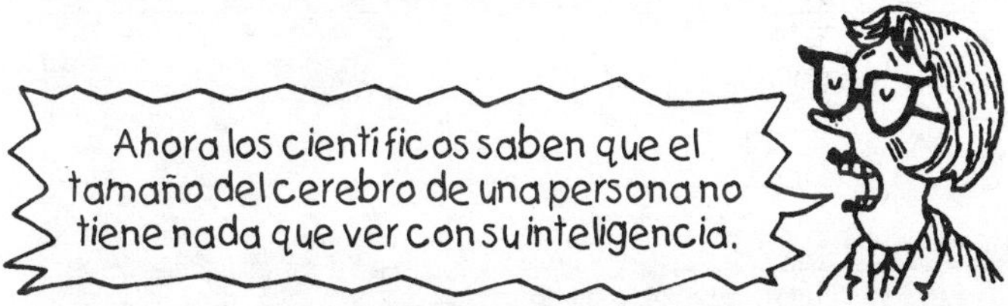

Comprenderás muy bien por qué las muchachas no tenían tantas oportunidades de estudiar ciencias. A las mujeres se les excluía de muchos actos sociales. Por ejemplo, antes de la década de 1870, en Estados Unidos, y de la de 1880, en Gran Bretaña, las mujeres no podían estudiar medicina. A continuación te presentamos un relato que demuestra las injusticias sufridas por las mujeres que querían ser científicas.

La joven Mary era una muchacha inteligente que quería estudiar ciencias, pero sus padres creían que las chicas se volvían locas si aprendían matemáticas y ciencias. (Efectivamente lo creían, pero no es verdad, así que no lo utilicéis como pretexto, muchachas.) Por esto enviaron a Mary a un internado donde le enseñaron, entre otras cosas, a mantenerse erguida. A las niñas les torturaban con trajes de aros metálicos para que mantuvieran la espalda bien recta.

En casa, a escondidas, Mary estudiaba matemáticas cuando sus padres se habían acostado, pero un día la descubrieron y le quitaron las velas. Sin embargo, Mary no se desanimó. Se quedaba despierta en la cama a oscuras y resolvía problemas matemáticos mentalmente.

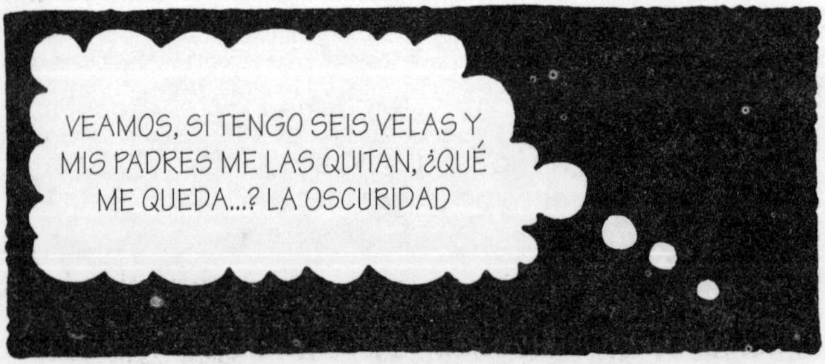

Sin embargo, Mary no tuvo oportunidad de escribir sobre temas científicos hasta que su segundo marido le dio los libros y el apoyo que necesitaba. (Su primer marido pensaba que todas las mujeres eran estúpidas.)

Convertida en Mary Somerville (1780-1872) se hizo famosa escribiendo libros de física, astronomía y biología. Así que, como puedes ver, la mayoría de las mujeres tuvieron que luchar para recibir una educación científica. Y luego tenían que luchar para conseguir un trabajo como científicas.

¿Cómo le fue a Marie Curie?

Marie tuvo suerte: consiguió un humilde puesto de ayudante de laboratorio. En 1895, se casó con el jefe del laboratorio donde trabajaba, Pierre Curie (1859-1906). Los Curie trabajaron juntos e hicieron grandes descubrimientos en el campo de la radiactividad.

Si no sabes lo que es esto, sigue leyendo:

Ficha de datos

NOMBRE:
Radiactividad

DATOS BÁSICOS:
Algunos átomos pierden energía con el transcurso del tiempo y se desintegran. Esta pérdida de energía adopta la forma de unos rayos invisibles, compuestos por las partículas más diminutas de la materia que constituyen los átomos. Estos rayos son llamados rayos alfa, beta y gamma.

DETALLES QUE DEBES SABER:
Los rayos alfa, beta y gamma pueden dañar el cuerpo y demasiados a la vez pueden incluso matar a una persona. Sigue leyendo y descubrirás lo que ocurrió a los Curie.

Los Curie empezaron estudiando la radiactividad del uranio y luego descubrieron el mismo extraño efecto en otro elemento, el torio. Más tarde centraron su atención en otro asombroso misterio.

El diario de los Curie

Así podrían haber sido las notas de Marie, aunque no se conocen porque las notas quedaron contaminadas por las sustancias radiactivas y llevan años encerradas en una caja fuerte.

1896 - Tengo un misterio en mis manos. La sustancia que estamos estudiando es la pecblenda, una especie mineral que es más radiactiva de lo que creíamos, debido a su conocido ingrediente: el uranio. Creo que la pecblenda tiene una sustancia más radiactiva en su interior llamada radio.

CÓMO OBTENER RADIO

1 Buscamos montones de pecblenda.
No podemos comprarla, pero hicimos un trato con las minas para que nos enviaran un vagón cargado de una tonelada de residuos de pecblenda, lo que queda cuando se ha extraído el uranio. (Tal vez haya unos gramos de radio escondidos en su interior.)

2 Acarreamos una tonelada de residuos de pecblenda de la mina al laboratorio.

3 Tamizamos a mano la pecblenda para separar los residuos.

En especial, si el laboratorio es un incómodo cobertizo. Pero, por lo menos los Curie eran felices. Marie Curie declaró:

Resplandecientes de orgullo

Una noche del invierno de 1898, Pierre y Marie fueron a su cobertizo y vieron un extraño resplandor azul. Lo producía la radiactividad del radio, una clase de átomo totalmente desconocida. El descubrimiento convirtió a los Curie en celebridades de la noche al día y, en la década de 1920, las empresas se apresuraron a sacar partido del extraño y nuevo elemento.

¡A que no lo sabías!
Aunque parezca extraño, el radio se puede utilizar para matar las células enfermas de los pacientes de cáncer, una enfermedad que tiene muchas variantes y que hace que las células del cuerpo se multipliquen y formen tumores. Pierre Curie, con la ayuda de dos médicos, lo descubrió.

Dos terribles tragedias

Los Curie nunca conocieron el peligro de la radiactividad. Pierre llevaba sustancias radiactivas en un tubo de ensayo en el bolsillo. La radiactividad le dejó unos agujeros embarazosos en los pantalones y le causó llagas en las piernas.

En 1906, Pierre Curie murió, pero no fue víctima del radio, sino que sufrió un accidente en la calle. Un pesado carro le atropelló y le aplastó el cráneo. Marie murió en 1934 de una enfermedad de la sangre llamada leucemia y es probable que la enfermedad se debiera al contacto con la radiactividad.

¡A que no lo sabías!
Marie Curie no recibió uno, sino dos Premios Nobel. Ella y su marido ganaron el Premio en 1903 por demostrar que la radiactividad provenía de los átomos y que no era una reacción química como pensaban otros científicos. En 1911, Marie obtuvo un segundo Premio Nobel por descubrir el radio y el polonio, que era otro átomo radiactivo de la pecblenda.

No es extraño que Marie Curie fuese considerada el segundo científico más importante del siglo XX. ¿Por qué el segundo? El científico que nos ocupa en el siguiente capítulo todavía fue más famoso.

Fue increíblemente famoso:

Y NO TIENES QUE SER UN EINSTEIN PARA SABER DE QUIÉN SE TRATA.

EL INCREÍBLE EINSTEIN

Albert Einstein se disputa con Newton el honor de ser el más insigne de los científicos de todos los tiempos. Pero, ¿qué hizo para merecer tal fama? Deja de hacerte preguntas, sigue leyendo y lo descubrirás.

Cuadro de honor: Albert Einstein
(1879-1955) Nacionalidad:
alemana/suiza/estadounidense
A los 12 años de edad, el joven Einstein anunció:

Había decidido ser científico. Pero Einstein no fue un buen alumno en la escuela ni en la universidad. En 1902, tenía un humilde empleo en la oficina de patentes de Berna, Suiza. Se encargaba de comprobar que los inventos funcionasen.

Pero él siempre estaba reflexionando sobre cuestiones científicas y, en 1905, dejó pasmada a la comunidad científica con una serie de alucinantes descubrimientos.

Los brillantes logros de Einstein

Einstein publicó tres artículos científicos fundamentales, y los tres merecían el Premio Nobel. Aplicando complicados cálculos matemáticos, demostró:

TRABAJO 1

Si dejas un grano de polen en agua, parece que éste baile. El agua está compuesta de átomos de hidrógeno y oxígeno que se agrupan para formar moléculas. Estas moléculas, al chocar contra el polen, provocan su movimiento.

Cuenta el aburrido historiador...

¿Te acuerdas de lo que te dije del agua? (Repasa la página 105 si no). Pues bien, pese a que los científicos creían en la existencia de las moléculas, no tenían con qué probarla. El trabajo de Einstein les proporcionó la prueba.

TRABAJO 2

La luz se compone de corpúsculos diminutos de energía llamados fotones. Es posible demostrarlo a través de un estudio matemático de los efectos de la luz sobre un metal.

Cuenta el aburrido historiador...

¡De nuevo Einstein tenía razón! Antes de este trabajo, los científicos creían que la luz se componía de ondas, como las que había descrito Maxwell (véase página 186). Einstein demostró que la luz actúa como una onda, pero que en realidad está formada por diminutas partículas de energía: los fotones.

TRABAJO 3

Tal vez pienses que si fueses en un vehículo espacial a gran velocidad hacia una estrella, la luz de la estrella te alcanzaría más deprisa que si, por ejemplo, estuvieses aparcado en el espacio. Pero te equivocas. Hagas lo que hagas, la luz se mueve exactamente a la misma velocidad. Es lo que llamo mi **TEORÍA DE LA RELATIVIDAD.**

Esto parece MUY extraño. Lo que Einstein estaba diciendo era que *nada* puede ir más rápido que la luz y que no importa la dirección ni la velocidad que tome un objeto, porque la luz siempre lo alcanzará a la misma velocidad. Pero de esta teoría se deducían unas cosas todavía más raras, que no afectaban demasiado a la Tierra, pero sí al espacio.

Prueba vertiginosa

La teoría de Einstein predice cosas extrañas que suceden cuando uno se acerca a la velocidad de la luz. Son las siguientes y, para que la prueba resulte más interesante, hemos añadido una que es falsa. ¿Serás capaz de detectarla?

CONTINÚA

EFECTO 1 - Cuanto más deprisa va uno, mayor es su peso.
ME SIENTO UN POCO PESADO.
EFECTO 2 - Cuanto mayor es la velocidad, más corto parece el vehículo espacial.
NOS ESTAMOS ENCOGIENDO
EFECTO 3 - Cuanto mayor es la velocidad de un objeto, mayor es el número de colores que cambian. Por ejemplo, los objetos rojos se vuelven azules.
¡HAS PERDIDO UN POCO DE COLOR, ÓRBITA!
EFECTO 4 - Cuanto más deprisa va uno, más lentamente pasa el tiempo.
LOS RELOJES DE LA NAVE SE HAN ATRASADO EN COMPARACIÓN CON LOS DE LA TIERRA.
¡VAYA FASTIDIO!

Respuestas: Efecto 1: VERDADERO. Einstein demostró que, cuanta más energía tiene un cuerpo en movimiento, más pesado es. Evidentemente la veloz cosmonave y su tripulación tienen mucha energía, por lo que su masa aumenta. A la mitad de la velocidad de la luz, un científico de 75 kg pesaría 12 kg más. Así es que no es aconsejable para los que hacen régimen.

Efecto 2: VERDADERO. A la mitad de la velocidad de la luz, desde fuera, la cosmonave se ve un 13% más corta.

Efecto 3: FALSO

Efecto 4. VERDADERO. Cuanto mayor sea la velocidad de un cuerpo en movimiento, más lentamente pasa el tiempo, en comparación con el tiempo transcurrido en una nave aparcada en el espacio. Si por ejemplo dieras un paseo vertiginoso en un vehículo espacial, al volver a la Tierra, verías que allí habría transcurrido mucho más tiempo. ¡Así que cuando aterrizases descubrirías que habrías viajado hacia el futuro!

Demostración

Estos efectos se pueden demostrar utilizando matemáticas basadas en la teoría de Einstein. (No me preguntes cómo, porque es complicadísimo.) Es lógico pensar que hay que ir a una velocidad increíble para comprobar en la práctica que Einstein tenía razón. Pero, de hecho, los científicos ya han comprobado el efecto del viaje en el tiempo. No te entusiasmes. Los científicos han comprobado que los relojes de los vehículos espaciales que giran a gran velocidad alrededor de la Tierra se atrasan muy poco en comparación con los de la Tierra. La diferencia de tiempo era tan sólo de unas milésimas de segundo, pero es suficiente para demostrar que Einstein TENÍA RAZÓN.

En 1916, completó este trabajo con su *Teoría de la Relatividad Generalizada*.

Pon a prueba a tu profe

Esta prueba debería prohibirse porque es cruel para los profesores, pero si no tienes más remedio, hazla al inicio del recreo, porque podría durar siglos.

Llama ligeramente a la puerta de la sala de profesores. Cuando se abra, con una sonrisa inocente pregunta:

Respuesta: Es una pregunta difícil. Tu profe puede intentarlo, pero la mayoría de ellos no llegan muy lejos y terminan farfullando cosas ininteligibles. Si te sientes generoso, puedes ayudarles tras 20 minutos. Pero para ayudarles, tendrás que seguir leyendo.

Ficha de datos

NOMBRE: Relatividad Generalizada

DATOS BÁSICOS: Einstein reflexionó sobre la gravedad y llegó a la conclusión de que funciona de la siguiente manera: un objeto inmenso, como un planeta o un astro, curva el espacio que lo rodea. Piensa en lo que sucedería si dispararas una bala de cañón sobre tu cama. ¡Cuidado con el gato!

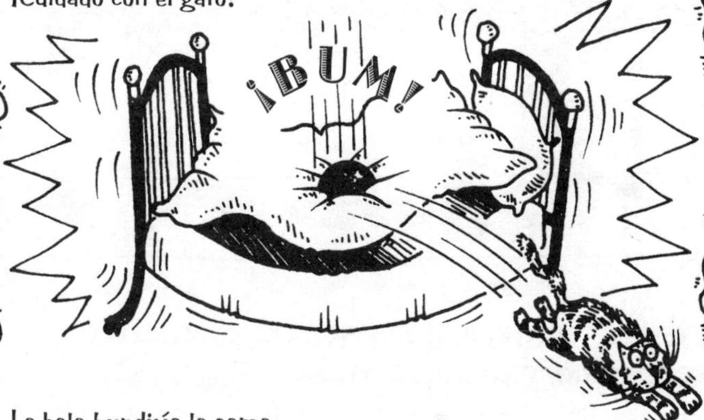

La bala hundiría la cama.

DETALLES QUE DEBES SABER: Una de las deducciones de la teoría de Einstein era que un objeto realmente enorme que tuviera una fuerza gravitatoria enorme, no permitiría el paso de la luz. Tales objetos son agujeros negros y, en realidad, no existen. (Repasa la página 91 si no me crees.)

¡A que no lo sabías!

Einstein fue una persona increíblemente inteligente, pero era inepto para realizar incluso las tareas más básicas. Se negaba a llevar calcetines y andaba por la casa descalzo. El científico decía que no tenía sentido llevar calcetines porque lo único que hacían era agujerearse. Algunos científicos han señalado que esto se debía al hecho de que Einstein nunca se acordaba de cortarse las uñas.

¿Tienes madera para ser un científico excéntrico y despistado?

Si decidieras ser científico, ¿cuán despistado serías? Limítate a responder SÍ o NO a las preguntas siguientes:

¿Alguna vez...

1 ... te has caído en un agujero porque estabas pensando en la ciencia y no mirabas por donde ibas?

Nota: Dicen que nuestro amigo Tales de Mileto lo hizo. Se cayó en un pozo porque estaba muy absorto en la astronomía. ¡Increíble! Afortunadamente, este accidente sólo dañó su dignidad.

2 ... te has olvidado de cenar porque estabas muy concentrado haciendo los deberes de ciencias?

Nota: A muchos científicos les pasó, incluso a Isaac Newton y Arquímedes (el antiguo científico griego, ¿lo recuerdas?).

3 ... has pasado mucho tiempo sin bañarte?

Arquímedes lo hizo. ¡Puá!

4 ... te has pasado mucho tiempo en el baño, cuando tus padres te han obligado a asearte, haciendo experimentos con el jabón y el patito de goma?
Nota: Cuando Arquímedes ya empezaba a apestar, lo llevaron a una casa de baños y sus esclavos lo bañaron. Pero durante todo el rato no cesó de hacer diagramas científicos con el aceite de baño.

5 ... has hecho esperar a tus amigos horas y más horas porque estabas haciendo los deberes de ciencias?
Nota: Newton lo hacía cuando iba a la universidad. Se olvidaba de que sus amigos le estaban esperando en la habitación contigua. Al cabo de poco tiempo ya no tuvo amigos.
6 ... has utilizado el cheque que te ha dado tu abuela por tu cumpleaños como punto de lectura y te has olvidado de ingresarlo en el banco?
Nota: Einstein lo hizo un día de principios de la década de 1920 y el cheque era por una gran cantidad.

7 ... te has apeado de la bici al pie de una colina empinada y luego te has olvidado de volver a montarla, regresando a pie, absorto en tus pensamientos científicos?

Nota: Newton lo hizo en una ocasión en que, siendo muchacho, fue al mercado. En vez de en bici, iba a caballo.
8 ... te has olvidado de dónde está tu casa?
Nota: Einstein lo hizo cuando se mudó a Estados Unidos en la década de 1930. Tuvo que telefonear a la secretaría de la facultad en la que trabajaba para que le orientaran.
¿Cómo te ha ido? Has ganado un punto por cada respuesta AFIRMATIVA.

Resultados:
0 a **3**: Eres perfectamente normal.
4 a **6**: Eres un poco distraído, pero no tienes por qué preocuparte.
6 a **9**: Eres, sin lugar a dudas, un científico despistado. Pero no cambies, porque, a lo mejor, algún día ganas un Premio Nobel.

Los errores de Einstein

Einstein fue tan listo que algunos piensan que jamás se equivocó en nada. Pero, para todos los que somos normales y ordinarios, es un gran consuelo saber que el gran científico cometió algunos errores garrafales. Por ejemplo, admitió que su error más grave fue no darse cuenta de que el Universo se expande.

Cuenta la aburrida científica...

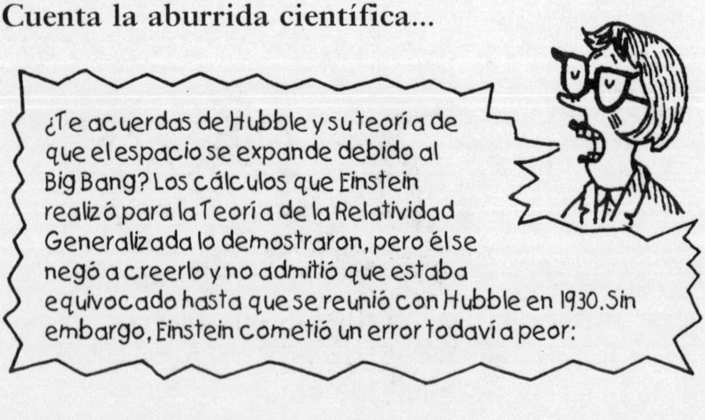

El fin de Einstein

En el Universo existen cuatro fuerzas: la gravedad, el electromagnetismo y dos fuerzas que operan en el interior de los átomos. Einstein creyó que podría elaborar una única teoría que explicara la gravedad y el electromagnetismo.

Falló.

Se pasó sus últimos 30 años realizando operaciones complejas que, en última instancia, fueron inútiles. Algo parecido a lo que a ti te sucede cuando estás prisionero en una clase interminable de matemáticas y tienes que vértelas con preguntas imposibles. (¡No me digas que todas las clases de mates son así!) Cuando Einstein murió, encontraron una serie de cálculos incompletos en su mesita de noche.

¡A que no lo sabías!

En 1933, en Alemania un nuevo partido político subió al poder. Era el partido nazi. Los nazis odiaban a los judíos y se daba la casualidad de que la familia de Einstein lo era. Einstein, como miles más, se vio obligado a huir a Estados Unidos. Durante la década de 1930, decenas de científicos alemanes, muchos de procedencia judía, huyeron de la Alemania nazi. Y luego la situación empeoró. Si sigues leyendo, sabrás lo que sucedió después...

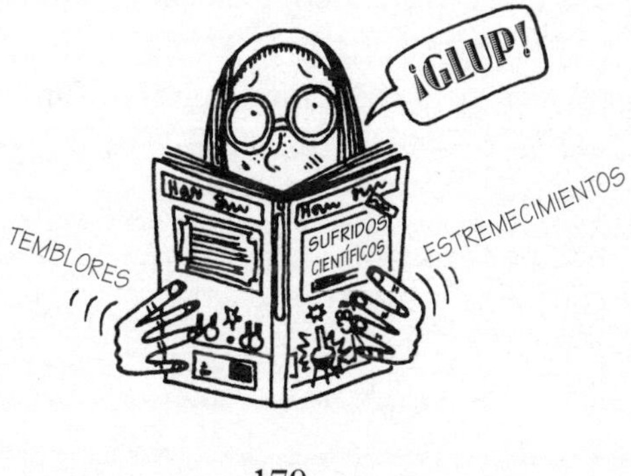

EL BRILLANTE BOHR

En 1940 y en 1941, los alemanes invadieron la mayor parte de Europa y muchos científicos corrieron peligro, entre ellos el brillante físico danés, Niels Bohr.

Cuadro de honor: Niels Bohr

(1885-1962) Nacionalidad: danesa

De muchacho, Bohr era corpulento y lento en su forma de andar. Sus compañeros de clase creían que era un poco estúpido, sobre todo porque siempre se metía en peleas (algo muy poco inteligente). Pero Bohr *era* inteligente, sobre todo en ciencias. ¡Lástima que aquel muchachote corpulento y patoso siempre rompiera los tubos de ensayo y vertiera productos químicos en el laboratorio! El maestro decía:

Bohr fue a la universidad a estudiar física y pronto se hizo famoso por su inteligencia. Era tan listo que corregía errores de los libros de texto y la ciencia lo absorbía hasta tal punto que, cuando hacía de portero de fútbol, anotaba cálculos científicos en los postes de la portería y luego hacía paradas muy arriesgadas en el último momento.

No es de extrañar que un científico tan reflexivo como Bohr se interesara por el más grande de los descubrimientos de principios del siglo XX: la mecánica cuántica.

Ficha de datos

NOMBRE: Mecánica cuántica

DATOS BÁSICOS: ¿Recuerdas que Einstein descubrió que la luz está formada por corpúsculos diminutos de energía llamadas fotones? La idea de que la luz o cualquier forma de energía se presenta en corpúsculos se llama mecánica cuántica. El nombre científico de estos corpúsculos es «cuantos».

DETALLES QUE DEBES SABER: Incluso para algunos científicos resulta difícil entender la mecánica cuántica. Así la explicaba Bohr:

Los descubrimientos de Bohr

En 1913, Bohr estaba trabajando en Inglaterra con Ernest Rutherford (1871-1937), científico británico nacido en Nueva Zelanda quien, gracias a sus experimentos, presentó la idea de que un átomo está compuesto por un núcleo sólido rodeado por una nube de electrones. Pues bien, Bohr descubrió que los electrones se disponían en capas y que cada uno de ellas tenía una cantidad particular de energía.

Bohr dedicó el resto de su vida a desarrollar la teoría de la mecánica cuántica. Dirigió un instituto de investigación en Copenhague y organizó congresos en los que científicos de toda Europa discutían acerca de la composición del átomo. En una ocasión, la discusión fue tan acalorada, que el científico alemán Werner Heisenberg (1901-1976) rompió a llorar. Bohr se enfadaba tan a menudo que salía furibundo de la sala y se ponía a arrancar hierbajos del jardín para tranquilizarse.

La creación de la bomba atómica

A finales de la década de 1930, a través de las matemáticas, Bohr demostró que, partiendo en dos un átomo (fisión), se liberaba energía en forma de radiactividad. En 1939, empezaron a correr rumores de que un científico alemán llamado Otto Hahn (1879-1968) había logrado el átomo de uranio. Bohr sabía que dividiendo millones de átomos al mismo tiempo, se podía liberar cantidades enormes de energía. Con ello se podría conseguir una bomba terrible capaz de hacer desaparecer ciudades enteras. Con un arma así, los nazis se adueñarían del mundo.

Durante un viaje realizado a Estados Unidos, Bohr advirtió a Einstein de lo que sucedía y, a su vez, Einstein advirtió al presidente Roosevelt. El presidente decidió que Estados Unidos debía fabricar su propia bomba atómica. Pero entonces Bohr cometió un grave error: regresar a Dinamarca. En pocos meses, Alemania invadió el país y Bohr se encontró en una peligrosa situación.

¡Sálvese quien pueda!

Si Bohr hubiese podido escribir a su amigo Einstein durante aquellos oscuros días, sus cartas habrían sido algo así como:

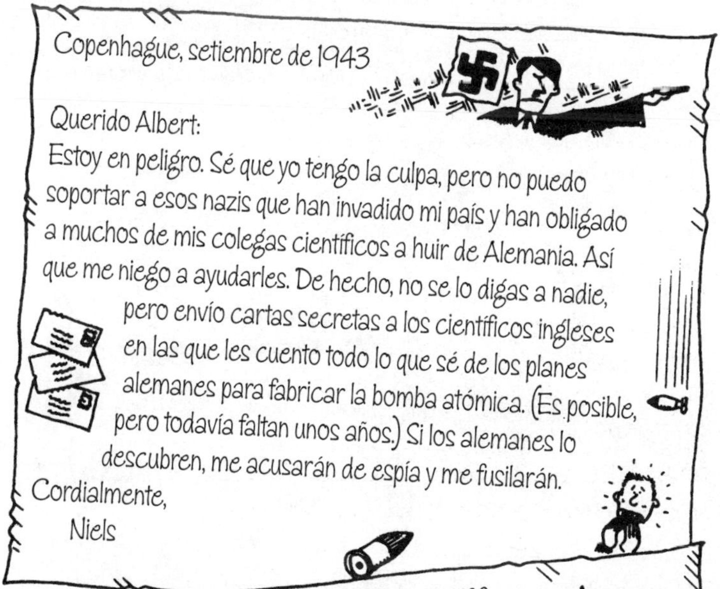

Copenhague, setiembre de 1943

Querido Albert:

Estoy en peligro. Sé que yo tengo la culpa, pero no puedo soportar a esos nazis que han invadido mi país y han obligado a muchos de mis colegas científicos a huir de Alemania. Así que me niego a ayudarles. De hecho, no se lo digas a nadie, pero envío cartas secretas a los científicos ingleses en las que les cuento todo lo que sé de los planes alemanes para fabricar la bomba atómica. (Es posible, pero todavía faltan unos años.) Si los alemanes lo descubren, me acusarán de espía y me fusilarán.

Cordialmente,

Niels

Una casa segura en algún lugar de Dinamarca
Setiembre de 1943

Querido Albert:

Un amigo mío, miembro de la Resistencia danesa, me dio el chivatazo. Me enteré de que los alemanes me iban a detener mañana. Tuve que esconderme. Pero tengo muchísimo miedo. Patrullas de soldados llaman a todas las puertas. Mis amigos de la Resistencia tienen un plan para sacarme del país. Nos iremos esta noche. Es ahora o nunca. No sé si esto es un adiós para siempre.

Niels

Un barco pesquero, en algún lugar entre Dinamarca y Suecia. Setiembre de 1943

Querido Albert:

Esta noche, escondido en la parte trasera de un coche, nos dirigimos a la costa. Luego, arrastrándome a gatas por un campo lleno de barro, llegué a la playa. Temía que un foco reflector me divisara en la oscuridad, que alguien diera el alto y que me disparara. ¡Nada de eso ocurrió! Entonces tuve que nadar entre las heladas aguas para llegar al barco pesquero. Ahora estoy en alta mar, cansado, muerto de frío y mojado. En cualquier momento, temo que aparezca en la oscuridad un bote patrulla alemán.

Sé que están allí, buscándome.

Me alegro de que no estés aquí,

Niels

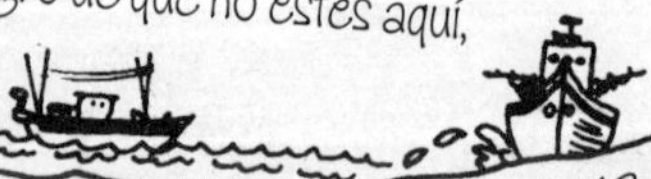

Una casa segura de Suecia, setiembre de 1943

Querido Albert:

Todavía estoy en peligro. Los espías alemanes saben que estoy en este país y mis amigos británicos dicen que los alemanes tienen órdenes de matarme en cuanto me vean. Me han dicho que el Gobierno británico ha enviado un avión para que me traslade a Inglaterra, pero podría ser demasiado tarde. Escribiré pronto, si estoy vivo.

Niels

Compartimiento para las bombas. Un bombardero Havilland «Mosquito», en algún punto sobre el Mar del Norte

Querido Albert:

Me estoy muriendo: No, no me han disparado, aunque los agentes alemanes nos han seguido hasta la pista de aterrizaje y despegamos por los pelos. No, me estoy muriendo de frío en este avión. En el compartimiento para las bombas hace mucho frío y no hay suficiente aire fresco para respirar. He golpeado las paredes, pero la tripulación no me oye. Y si los cazas alemanes nos alcanzan moriré frito, en vez de helado. Nunca debí dedicarme a la ciencia. No puedo mantenerme despierto. Me estoy durmiendo. Si me duermo, moriré. Adiós, amigo.

Niels

Un final feliz

Niels Bohr sobrevivió al vuelo a duras penas. Cuando el avión aterrizó en Inglaterra, estaba inconsciente debido al frío y a la falta de aire puro. Desde Inglaterra, Bohr viajó a Estados Unidos, donde se enteró de los planes del Gobierno de fabricar una bomba atómica. Bohr se llevó un susto al oír la noticia y se horrorizó cuando Estados Unidos lanzó dos bombas atómicas para poner fin la guerra contra Japón en agosto de 1945. El científico dedicó el resto de sus días a defender el uso pacífico de la energía nuclear y que los científicos compartieran información.

ESOS MODERNOS CIENTÍFICOS CHIFLADOS

Desde los tiempos de Einstein y Bohr, los físicos han descubierto muchísimas cosas acerca de los átomos y del Universo.

A principios de la década de 1940, los científicos británicos y estadounidenses empezaron a fragmentar los átomos, utilizando unos aparatos llamados aceleradores de protones, que utilizan potentes campos eléctricos y magnéticos para acelerar los núcleos a velocidades increíbles, hasta hacerlos chocar violentamente contra otros núcleos. Los científicos descubrieron que, de esos impactos, se desprendía una asombrosa variedad de partículas subatómicas.

El científico estadounidense Murray en 1964 utilizó matemáticas avanzadas para calcular que los bloques estructurales básicos del núcleo de los átomos eran unas partículas todavía más diminutas llamadas *quarks*, que se mantenían unidas gracias a los *gluones*, unas partículas aún más pequeñas. ¡Un mundo realmente extraño!

Descubre cómo funcionan los gluones

Necesitarás:
Un balón de fútbol y una amiga.

Cómo debes hacerlo:

1 Tú y tu amiga os tenéis que pasar el balón. Cuando lo recojas, devuélvelo en seguida a tu amiga.
2 Pase lo que pase, debéis evitar que el balón se caiga. Si lo hace, tendréis que dar un paso hacia delante y acercaros más el uno a la otra.

¿Qué observas?

a) Parece que el balón se ha quedado enganchado a los dos.
b) El balón siempre caía al suelo y, al final, os habéis acercado tanto que vuestras narices se tocaban.

c) Os sentís atraídos por una extraña fuerza, aunque a ninguno de los dos se os haya caído el balón.

Respuesta: a) El balón es como los gluones. Si bien no os pega uno al otro, os resulta difícil apartaros mientras jugáis.

¡A que no lo sabías!

Murray Gell-Mann era tan inteligente que, cuando fue a una escuela para niños superdotados, las clases le resultaron aburridas porque no eran suficientemente difíciles y no le gustaba la física. Fue a la universidad a la edad de 15 años y fue entonces cuando se interesó por esa ciencia.

El gran dilema

Mientras tanto, otros científicos se han cuestionado si existe una teoría única que explique todas las fuerzas del Universo. ¿Recuerdas a Einstein y sus intentos de explicar la gravedad y el electromagnetismo? Pues bien, los científicos ahora saben que existen otras dos fuerzas a tener en cuenta que actúan en el interior de los átomos.

Ficha de datos

NOMBRE: Fuerzas del interior de los átomos

DATOS BÁSICOS: Las dos fuerzas son...

1 La fuerza nuclear débil:
Estudiada matemáticamente por el científico italiano Enrico Fermi (1901-54) en 1934, esta fuerza hace que los átomos liberen partículas radiactivas.

2 La fuerza nuclear fuerte:
Esta fuerza mantiene unido el núcleo del átomo. En 1935, el científico japonés Hideki Yukama (1907-1981) fue el primero en definirla matemáticamente.

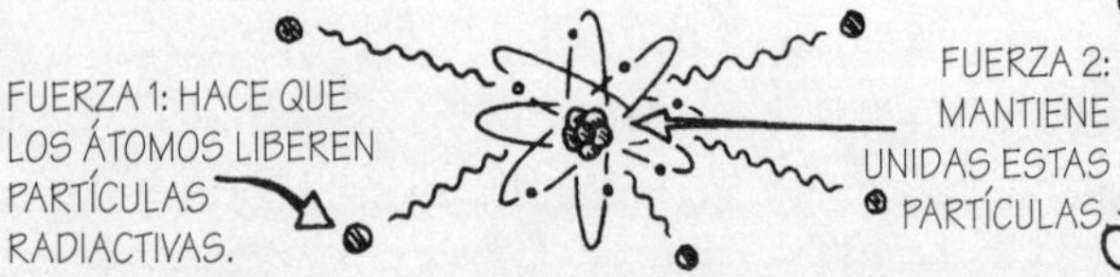

DETALLES QUE DEBES SABER: Desde entonces, ambas fuerzas se han demostrado experimentalmente. La fuerza fuerte es 100 millones de veces más potente que la fuerza débil. ¡A eso le llamo yo ser cachas!

Esas sufridas siglas

Pero los científicos todavía no están satisfechos. Para ellos el objetivo final es algo más que TDT o TGU. ¿Qué es eso?

¿Serán nombres de partidos políticos?

Respuesta: No. La TDT es la Teoría del Todo y la TGU es la Teoría de la Gran Unificación, y ambas se refieren a lo mismo: son una explicación de la fuerza electromagnética (electricidad y magnetismo, ¿te acuerdas?) y de las dos fuerzas del interior del átomo con una única serie de ecuaciones matemáticas. ¡Casi nada! Pero los físicos no estarán satisfechos hasta que no hayan incluido la gravedad en la TDT y en la TGU.

Einstein pasó años buscando esta teoría y, en la actualidad, muchos físicos, como Stephen Hawking (véase página 92), están trabajando para elaborarla. Nadie sabe exactamente cómo será, pero en 1984, el físico británico Michael Green y el estadounidense John Schwarz sugirieron que sus cálculos podían incluir todas las fuerzas, considerando que las partículas son puntitos en lugar de supercadenas: diminutos lazos en forma de cadena.

Todo esto suena a chino, ¿verdad? Pero, por otro lado, de tan raro que es resulta fascinante. A lo mejor decidirás ser físico. Tal vez serás la persona que encuentre la TDT. Obendrías con toda seguridad el Premio Nobel, te harías increíblemente famoso y serías recordado como un gran científico para siempre jamás.

Pero, un momento: no es tan fácil. ¿Qué pasa con todos los sufridos científicos anteriores a ti? Acuérdate de todos los que sufrieron penalidades, persecuciones e incluso la muerte. Así que éste es el Gran Dilema: ¿Quieres realmente ser un científico? ¿Vale la pena tanto sufrimiento?

EPÍLOGO

Bueno, para empezar, alégrate de que haya habido, y todavía haya, personas dispuestas a sufrir por la ciencia. De lo contrario, ¿dónde estarías ahora? Sigue leyendo y lo sabrás.

Un mundo diferente

Sales de la escuela. Es el final de otro duro día y te sientes cansado, tan cansado que ni te das cuenta de que has entrado en un *universo alternativo*.

La calle tiene algo extraño. No hay coches, sólo carros tirados por caballos. Nadie te viene a buscar y, tras haber esperado siglos el autobús, decides andar los 10 km hasta tu casa.

Tu casa está a oscuras, sólo hay lámparas de aceite y, cuando preguntas dónde está la TV, tu papá pone cara de sorprendido.

El televisor y el vídeo han desaparecido, así como la nevera, el microondas y el reproductor de CD.

Luego entra tu mamá y pregunta cómo te ha ido la clase de alquimia y si aprendiste buenos conjuros.

Entonces eres tú quien se queda de piedra.

Tienes mucha hambre y pides a tu mamá la merienda.

–Sí, cariño. Hoy hay tu plato favorito. Gachas de avena –responde tu mamá.

Vas a decir algo sobre la mermelada, pero lo reconsideras. Ves claramente que tus padres se han vuelto locos. Las gachas tienen un aspecto horrible y saben aún peor. A continuación te acuestas. Te cepillas los dientes con agua y te lavas la cara también con agua, porque la pasta dentífrica y el jabón han desaparecido del baño, así como el papel de váter, el inodoro, el gel de baño y el pato de goma. Te espera una cama fría con sábanas burdas que pican mucho. El avión controlado por radio y el transbordador espacial de pilas han sido sustituidos por una muñeca de madera y un aro de hierro.

Es la mañana siguiente. Abres los ojos y das un vistazo a tu habitación. Solamente hay unos muebles de madera toscamente trabajados. Y estás seguro de que todo es de verdad, porque probaste las gachas. De nuevo sales para la escuela y piensas. Reflexionas sobre dónde estás y lo que está sucediendo. Hoy toca ciencia otra vez.

Ciencia.

Así que de esto se trata. Te das cuenta de que tu madre la ha llamado «alquimia». Eso es, has ido a parar a un mundo en el que la *ciencia no existe*. Un mundo en el que la tecnología: la electricidad, la mermelada, la pasta dentífrica, la televisión, los coches y las camas cómodas no existen. Y no existen porque los científicos que realizaron los descubrimientos que hicieron posible la tecnología no existieron. Sin Faraday, nada de electricidad, ni tele, ni radio ni nada de nada.

Y mientras franqueas las puertas de la escuela, rezas para que, por lo menos, tu escuela sea normal. Nunca pensaste que jamás pudieras sentir tantas ganas de ir a clase de física y química. Estás tan ensimismado, que te adentras en la reluciente abertura posterior de tu viejo universo sin darte cuenta. Hasta que vuelves a mirar y ves los coches, los autobuses y las queridas escenas callejeras. Estás salvado. Salvado por la ciencia.

Naturalmente, sin los descubrimientos realizados por la ciencia, la vida sería terrible. Pero los científicos no se dedicaron solamente a la ciencia para proporcionarnos una vida más cómoda. No. Existe un elevado motivo por el que las personas se hacen científicos. Es un sentimiento que han compartido todos los científicos que aparecen en este libro: creen que la ciencia es fascinante. E incluso, cuando es terrible, es terriblemente fascinante, sorprendente e incluso excitante. Y aunque las clases de ciencia a veces sean aburridas, la ciencia de verdad no lo es jamás.

Pongamos por ejemplo al científico francés Michel Chevreul (1786-1889). Estudió las grasas animales y, en 1823, descubrió que se pueden dividir en otras sustancias químicas. Murió a la edad de 103 años y, aunque nunca se retiró, jamás se cansó de la ciencia. Y a los 90 años empezó a estudiar los efectos del envejecimiento.

Veamos, ¿qué te parece? ¿Quieres realmente ser científico? Pues, sea cual sea tu decisión, acuérdate de una cosa: efectivamente, la ciencia *puede* ser horrible, pero vale la pena sufrir para ser científico.

¡Y esa es la horrible verdad!